GF 452834

DISSERTATION

SUR

LES HUITRES VERTES DE MARENNES.

(Prix 2f 50c, franc de port).

ON TROUVE CET OUVRAGE

A PARIS,	chez	{ GUILLEMINET, rue Montmartre, n.º 68. DELAUNAY, au Palais Royal.
BORDEAUX,		PINARD.
NANTES,		Victor MANGIN.
POITIERS,		CATINEAU.
BREST,		LE FOURNIER.
LA ROCHELLE,		Vincent CAPPON.
LE HAVRE,		FAURE.
NIORT,		ROBIN, successeur de V.e Orrillard.
ANGOULÊME,		TRÉMEAU.
LORIENT,		BAUDOUIN.
SAINTES,		CHARRIER.
ROCHEFORT,		GOULARD.

DISSERTATION

SUR

LES HUITRES VERTES DE MARENNES,

AVEC

DES OBSERVATIONS CRITIQUES

SUR L'OPINION DE PLUSIEURS NATURALISTES

TOUCHANT

LA REPRODUCTION DES HUITRES EN GÉNÉRAL,

ET LES CAUSES DE LA COULEUR VERTE QUE CES ANIMAUX

PEUVENT ACQUÉRIR.

PAR M.r G..... DE LA B......, P.t DU T.al DE MARENNES.

A ROCHEFORT,

DE L'IMPRIMERIE DE GOULARD, RUE SAINT-CHARLES.

(Avril 1821).

AVERTISSEMENT.

Je n'avais pas l'intention de publier ce
petit travail: j'en avais seulement dressé
une partie pour envoyer à un célèbre
Docteur de la Capitale, qui m'avait non
seulement demandé des renseignemens sur
l'éducation de nos Huîtres Vertes de
Marennes et sur les causes de leur couleur;
mais qui m'avait aussi prié de recueillir
les notions qu'on pourrait avoir dans ce
pays, touchant la reproduction des Huîtres
en général. J'étais prêt à faire partir le
résultat de mes recherches, lorsque des
réflexions survenues à l'occasion des erreurs de plusieurs naturalistes qui se sont
occupés de ces questions si intéressantes,
m'ont déterminé à ouvrir moi-même une
discussion pour faire valoir, contre ces
erreurs, l'expérience de nos Sauniers et
de nos Pêcheurs, ainsi que les faits incontestables dont ces braves gens sont chaque
jour les témoins.

D'un autre côté, j'ai pensé qu'au lieu
de me borner à de simples notes qui

auraient pu piquer la curiosité d'un savant de Paris, ou rester oubliées dans son cabinet, il était plus convenable de donner connaissance aux habitans de l'intérieur d'une foule de particularités qu'ils ignorent, concernant les procédés par lesquels les Huîtres acquièrent la couleur Verte, la qualité et le goût exquis que les amateurs leur trouvent. Ensuite il m'a paru nécessaire d'éclairer mes concitoyens sur des causes aussi bizarres qu'invraisemblables, auxquelles certains naturalistes attribuent la reproduction de ces sortes de bivalves.

En entreprenant une pareille tâche, je ne me suis point dissimulé l'insuffisance de mes moyens et mon ignorance en Conchyliologie ; je m'attends même que quelques personnes me blâmeront d'avoir voulu traiter de matières fort étrangères à ma profession de Magistrat et beaucoup au-dessus de mes forces ; mais d'autres pourront m'excuser en faveur de mon zèle et de mes bonnes intentions, sur-tout quand elles auront remarqué que mon seul but a été d'offrir, sur nos excellentes Huîtres Vertes de Marennes, des idées générales à une infinité de friands, dont tout le plaisir consiste à les manger, sans chercher à savoir comment elles naissent et par quelles opérations on les rend si propres à satisfaire leur sensualité.

A l'égard des erreurs des naturalistes que

j'ai tâché de combattre avec les leçons de nos Pêcheurs et de nos Sauniers, j'ose espérer qu'on m'en saura bon gré, quoique les attaques soient dirigées contre l'opinion de savans dont le nom fait autorité. J'espère également que si j'ai substitué à leurs systêmes d'autres manières de voir, ce ne sera pas pour le lecteur un sujet de prévention, puisqu'il s'appercevra que je n'ai établi mes raisonnemens que sur des faits certains, invariables et attestés par des hommes d'une pratique journalière.

Dans tous les cas, comme j'habite les lieux où les choses se passent, il semble qu'aumoins je dois avoir l'avantage sur des écrivains qui ne se sont livrés qu'à la théorie, ou qui n'ont travaillé que sur des renseignemens inexacts, souvent imaginaires; et par ce motif, j'invite ceux qui liront cet opuscule à mettre quelque confiance dans mes observations, en souhaitant avec moi que nos naturalistes modernes examinent plus sérieusement qu'on ne l'a fait jusqu'ici, les objets de ma critique, et fassent droit aux conséquences que j'en ai tirées. Il est en effet à désirer qu'il émane de leurs investigations un jugement plus raisonnable que celui que j'ai attaqué.

En attendant ce service à rendre à la science, on peut s'en rapporter à mon affirmation: 1." que les réservoirs où sont parquées les Huîtres, sur nos plages, ne verdissent point , *soit par la seule qualité du terrain , soit par une espèce de petite mousse qui en tapisse les parois et le fond, soit par une verdure dont sont bordés les réservoirs ,* aussi que le prétendent les Encyclopédistes , Vaimont - Bomard , et autres ; par conséquent, que les Huîtres elles-mêmes ne prennent point la couleur verte par ces causes ; 2.° que ces animaux ne deviennent point féconds par la vertu de *petits vers rougeâtres* qui habiteraient avec eux ; qu'enfin les épreuves à l'aide desquelles on a fondé cette étrange opinion, sont ridicules et ne méritent pas qu'on s'y arrête.

Voilà ce qui n'est point susceptible de controverse et ce qu'on peut regarder, tout d'abord, comme une vérité.

DISSERTATION

SUR

LES HUITRES VERTES DE MARENNES.

STRUCTURE DES COQUILLES DE L'HUITRE VERTE.

L'HUITRE Verte de Marennes, comme infaillliblement toutes les autres Huitres Vertes de l'Europe, n'est pas d'une espèce et n'a pas une organisation physique qui la distinguent de l'Huître commune : elle n'a de particulier que sa couleur ; elle éprouve bien une certaine modification dans son enveloppe, mais alors il faut qu'elle soit née et qu'elle ait été élevée dans un parc.

Ainsi, la demeure de l'Huître Verte, comme de l'Huître commune, est un coquillage bivalve ou à deux battans, dont l'un, qui semble lui servir de couvercle, est ordinairement plat, quand le coquillage est bien conformé. Ce battan ou valve doit être considéré comme la partie supérieure ; l'autre battan qui est la partie inférieure ou le dos, est toujours concave ; c'est un véritable réservoir où l'Huître attire et conserve l'eau qui lui est nécessaire, et où la plus grande partie de son corps est étendue.

L'une et l'autre valves sont formées de plusieurs feuilles ou lames qui les rendent épaisses, dures et pesantes. Elles sont souvent très-grandes après trois ou quatre ans de croissance , tandis que l'animal au contraire est très-petit et sans germe de fécondité ; mais dans ce cas il a dépéri, ou par des blessures qu'il a reçues, ou par les attaques de quelque ennemi, ou bien il a vécu sur un sol qui ne lui était pas favorable.

Tout l'extérieur des valves est raboteux, inégal et couvert d'aspérités assez saillantes, mais en revanche leur intérieur est d'un lisse admirable, il est de plus argenté et nacré. On dirait que la nature s'est étudiée à rendre plus poli qu'une glace le séjour d'un être dont la chair et les organes sont si tendres et si susceptibles.

Je dois cependant faire remarquer que ce que je dis sur l'extérieur des valves, reçoit presque toujours une exception à l'égard des Huîtres nées dans la mer, que le pêcheur a trouvées seules, ou qu'il a choisies au rocher ; celles-ci sont ordinairement mieux faites, ont le dehors des coquilles plus uni, moins raboteux ; elles sont en outre moins épaisses et moins pesantes ; enfin elles grandissent d'avantage que les Huîtres issues d'autres Huîtres parquées. La cause de cette différence n'a point été expliquée par les naturalistes et je n'oserais en assigner une d'une manière positive ; néanmoins je pense que l'Huître parquée ne vivant plus dans son véritable élément, où elle se nourrit de choses beaucoup moins substantielles que dans les parcs qui lui fournissent des sucs en abondance et toujours nouveaux ; où elle éprouve plus directement l'action des eaux douces et d'un air tempéré qui lui plaisent infiniment, je pense, dis-je, qu'il doit de toute nécessité survenir en elle des effets tout différents.

Dans le premier cas, elle est l'élève de la nature et obéit à son destin ; dans le second, au contraire, elle est forcée par la volonté de l'homme à jouir de l'état le plus heureux qu'il puisse imaginer. Aussi devient-elle en peu de temps grasse et replète, tandis que son coquillage, qui ne se soumet pas avec autant de facilité aux mêmes influences et qui a sans doute un plus grand besoin de son élément naturel, ne se développe que lentement et reste constamment en disproportion avec le corps de l'animal. On peut conclure, par le même raisonnement, que l'Huître qui est issue d'un autre Huître dont on fait l'éducation, ne doit pas recevoir, dans sa structure, autant d'accroissement et autant de perfection, que si elle était née et qu'elle eut vécu dans la mer.

Encore un coup, je ne présente cette manière de voir que comme une supposition, je désire que les savants en Conchyliologie se prononcent à cet égard. Je reviens à mon sujet.

La valve supérieure a une espèce de bec qui s'exhausse à l'une de ses extrémités. Ce bec est très-peu allongé, il est applati, recourbé sur la valve inférieure et se termine par un angle arrondi; c'est dans cette partie que le corps de l'animal se rétrécit et prend la forme allongée du coquillage ; c'est aussi à ce bec, que les gens du pays appellent, les uns le gond, les autres le talon, que se fait la jonction des deux valves ou battans par un ligament, lequel étant renfermé précisément dans ce même bec ou talon, tient lieu d'une charnière, et cette charnière, par le moyen des muscles tendineux fortement attachés sur le milieu des valves et entièrement inhérents au corps de l'Huître, fait jouer ces valves à la volonté de celle-ci pour aspirer ou rejeter l'eau et les alimens.

L'Huître Verte, comme l'Huître commune, par le poids de son corps et de sa structure, est essentiellement immobile ; cependant des Sauniers observateurs m'ont assuré qu'il y a une circonstance où elle se meut; c'est lorsque la main de l'homme ou un accident l'a renversée sur sa valve supérieure, au lieu d'être posée sur sa concavité, ou pour mieux dire sur le dos; dans cette occurrence il paraît qu'elle fait les plus

grands efforts pour se tenir debout et pour ensuite prendre sa position naturelle , soit par son
propre mouvement , soit par le secours du flux
et du reflux. Dans tous les cas, il est présu-
mable que cette fausse position ne lui porte pas
de préjudice , et ne nuit pas à son existence,
car on en trouve dans les parcs plusieurs ré-
duites à cet état pénible , qui sont aussi bien
portantes, aussi vertes et d'aussi bon goût que
les autres ; mais alors celles qui n'ont pu faire
la volte-face par un empêchement quelconque,
ne peuvent plus se servir de leur réservoir pour
se saturer d'eau , si je peux parler ainsi ; elles
sont condamnées à un travail continuel, je veux
dire qu'elles sont sans cesse forcées d'ouvrir
leurs valves pour obtenir le liquide et les sucs
nourriciers dont elles ont besoin. Heureusement
pour les Huîtres que quand on les lance à plein
boquet dans les claires ou parcs, elles tombent
presque toujours sur la valve inférieure, ou
bien le Saunier vigilant se donne la peine d'entrer dans la claire et de les y placer. Il a la
même attention quand il les destine à la vente,
il ne manque jamais de les entasser sur le dos,
afin de leur conserver de l'eau et de prolonger
par là leur existence de quelques jours; et dans
ce dernier cas, dès qu'on les voit s'ouvrir , c'est
une preuve qu'elles ont dépensé toute l'eau
qu'elles avaient en réserve, et qu'étant ainsi pri-
vées du principe de vie, elles ont succombé.

L'Huître, n'importe à quel âge et aussi-tôt que son coquillage est consolidé, ferme ses deux valves très hermétiquement, malgré leur surface raboteuse, et quoique la valve supérieure soit bordée à son ouverture de petites pointes ou dents qui s'appuyent sur la valve inférieure. Il n'est point de boîte qui ferme aussi étroitement et qui empêche mieux le passage d'aucune particule d'eau intérieure ou extérieure.

Toutes les fois que l'Huître a besoin de s'ouvrir, soit pour aspirer l'eau et les alimens qui lui sont nécessaires, soit pour rejeter ce qui lui est surabondant ou nuisible, l'ouverture de ses battans n'est guère plus large que de dix à douze lignes.

J'ai déjà dit que dans l'action de l'Huître pour s'ouvrir, elle faisait jouer ses valves à l'aide du ligament renfermé dans le talon et de ses deux muscles attachés aux coquilles, et que le tout agissait simultanément ; mais il est bon d'expliquer qu'il n'y a que la valve supérieure à laquelle est lié le corps de l'animal par le gros muscle, qui fasse un mouvement apparent ; quant à la valve inférieure, si elle contribue à ce mouvement, ce n'est simplement que pour servir de point d'appui et de résistance par le moyen de l'autre muscle.

On sent la nécessité que l'Huître opère son mouvement d'ouverture de cette manière, et qu'elle soit toujours couchée sur sa valve concave; s'il en était autrement, elle perdrait l'eau sans laquelle elle ne peut vivre. C'est donc par un décret de la nature que l'une des écailles de ce testacé est creuse pour lui servir de bassin, qu'elle tient toujours plein et au milieu duquel elle est gisante comme dans un bain. Et si à la mer ou dans les parcs elle se trouve forcée de rester dans une autre position, combien son état est pénible et à quels efforts elle est condamnée pour soutenir son existence !

Il n'est pas besoin de rappeler que, hors de l'eau et dans la même situation, le moindre relâchement de ses valves lui ferait perdre son liquide et qu'elle périrait en peu de tems.

Je terminerai cet article par une observation qui ne manquera pas d'intéresser. On sait que les coquilles de l'Huître sont formées d'une liqueur glutineuse qui est une essence propre aux mollusques et qui leur a été départie pour construire leur demeure, dès l'instant même où ils ont reçu la vie. Cette liqueur se développe, prend de la consistance et s'ossifie enfin, à mesure que le sujet grandit: en cela on admire avec raison l'ouvrage de la nature; mais il y a quelque chose d'aussi merveilleux dans son économie; c'est de voir que les coquilles constituées par couches ou lames en nombre nécessaires pour la conservation et pour la défense de l'Huître, peuvent encore être augmentées par elle dans des cas urgents, ainsi qu'on va le démontrer.

Des Sauniers habiles en éducation d'Huîtres et à qui rien n'échappe de ce qui a rapport à leurs élèves, m'ont assuré que quand on les nettoye pour les changer de claire ou parc, il arrive souvent, pendant cette opération qui se fait sur le bord de la claire, que quelques-unes se sentant en repos, ouvrent leurs valves pour respirer; qu'alors si au moment de l'ouverture, il s'introduit en elles, par accident, un corps étranger qu'elles ne puissent rejeter, cet événement ne tarde pas à les rendre très-malades: elles languissent durant quelques mois, et ne se rétablissent que lorsqu'il s'est formé une nouvelle couche entre le corps étranger et leurs chairs si tendres et si vulnérables. Les mêmes Sauniers m'ont donné la preuve de ce dernier fait, en rompant devant moi les écailles très-épaisses de deux Huîtres qu'ils soupçonnaient d'être atteintes de la maladie dont il est question. Ils me firent remarquer à travers les couches de l'écaille supérieure de l'une, un petit caillou qui y paraissait collé, et dans les couches de l'autre, un petit éclat de bois aigu des deux bouts. Cette preuve me satisfit et je tirai cette conséquence, que toutes les fois qu'une Huître a dans son intérieur un corps quelconque qui la blesse, et qui n'est pas de nature à se résoudre promptement, elle ne peut s'en affranchir qu'en formant avec sa matière glutineuse une nouvelle enveloppe qui la sépare de l'objet nuisible.

Ainsi quand on voit une Huître dont les écailles sont plus épaisses qu'à l'ordinaire et qu'elle même est petite, maigre et blafarde, on peut présumer qu'elle est attaquée de la maladie dont on parle, et on peut s'en assurer en procédant comme je l'ai indiqué.

Description de son Corps.

J'ai déjà démontré que l'Huître Verte de Marennes, comme toutes les autres Huîtres Vertes, n'avait pas un coquillage différent de l'Huître commune, je vais également démontrer que la constitution de son être est la même que celle de cette dernière.

Tout son corps est plat, comme celui de l'Huître commune, il prend toujours la forme des coquilles; si celles-ci, par fois, sont oblongues dans une partie, l'animal l'est aussi également dans cette partie. En général son coquillage présente une figure presque ronde.

Le corps est attaché à la valve supérieure par un gros muscle tendineux: ce muscle lui-même est appliqué si fortement sur cette valve, qu'on dirait qu'il y est identifié. Un autre petit muscle attache encore son corps à la valve inférieure, mais celui-là paraît moins destiné à faire jouer cette seconde valve, qu'à y favoriser un point d'appui, quand elle veut faire son mouvement d'ouverture.

Ordinairement l'une des extrémités de l'Huître, s'allonge plus ou moins vers la charnière ou ligament qui unit les deux coquilles. Cette sommité est prise par beaucoup de personnes pour sa tête; c'est une grande erreur, puisqu'il est impossible d'y découvrir le siège de la cervelle, non plus que les organes de la vue et de l'ouie. l'Huître est un mollusque acéphale, tout l'annonce ; il n'y a de remarquable dans la région que je désigne, qu'une réunion de chairs ayant un peu plus de consistance que dans le reste du corps. A la vérité, si, vers le même endroit, on soulève à l'aide d'un léger instrument, les branchies dont il va être parlé, on trouve à la gauche interne de la valve supérieure, une ouverture qui est sans contredit sa bouche; mais ce seul organe ne peut pas caractériser une tête d'animal, telle qu'il est aisé de le concevoir. Malgré tout, cette ouverture est bordée de grandes lèvres qui lui servent indubitablement à déguster et à savourer les substances que son estomac appète.

A la suite des grandes lèvres on distingue un assez large gosier, et si l'on procède à la dissection, il est facile de distinguer le tube digestif. Cet organe contient une matière mêlée de couleurs noire et jaune que l'on apperçoit à travers les téguments: elle est sans doute le produit des alimens digérés. Toutes ces parties composent

sent

sent ce qu'il y a dans l'Huître de plus exquis pour les amateurs: les autres parties ne flattent pas autant le goût. Cette matière noire et jaune qui est sensible à l'œil, reste compacte et compacte dans les mois où les Huîtres sont bonnes à manger ; mais les naturalistes qui ont anatomisé ce mollusque, prétendent que dans la saison du frai, elle se change en substance laiteuse, laquelle produit la semence et perpétue l'espèce. Cela semblerait certain, car à cette dernière époque les Huîtres sont réellement blanchâtres et les couleurs dont il est question ne sont pas apparentes.

Au bas de la poche intestinale est l'anus auquel est contigu un petit canal qui longe le gros muscle d'attache, et par lequel s'écoulent probablement les déjections de l'animal. Pour m'en assurer, j'ai introduit, avec beaucoup de précaution, une petite broche par sa bouche : j'en ai dirigé la pointe jusqu'à l'orifice du fondement, et elle est arrivée directement à l'entrée de ce canal.

A partir de l'ouverture de la bouche, sont adhérentes quatre grandes feuilles, que les naturalistes qualifient de feuilles pulmonaires, mais que j'appellerai *branchies*, pour parler plus clairement. En effet, tout annonce qu'elles en font les fonctions, comme de pouvoir extraire de l'eau l'air nécessaire à la respiration de l'animal. Ces branchies ne sont pas construites comme celles des poissons, elles sont simplement chargées de suçoirs, dont l'ensemble forme une espèce de fraise transparente et dure, qui tapisse des deux côtés les parois intérieures des valves à leur ouverture. Elles se prolongent et font presque le tour du gros muscle qui enchaîne tout le corps de l'Huître. C'est une chose curieuse que les oscillations continuelles opérées par cet organe pour aspirer l'eau et les sucs nourriciers qui s'y rencontrent : on supposerait que l'animal a besoin sans cesse d'en être alimenté.

Ces sucs nourriciers consistent, suivant les naturalistes, en des substances particulières répandues dans l'eau, et en celles que quelques vermisseaux lui procurent par la succion. Je ne veux point contester ces faits, à l'égard des Huîtres de la mer; mais pour les Huîtres élevées dans nos claires, on regarde comme certain qu'elles se nourrissent principalement d'une matière verte et limoneuse produite incontestablement par la combinaison de plusieurs élémens; ainsi que j'aurai l'occasion de le démontrer.

Outre les différentes parties du corps de l'Huître que je viens d'indiquer, ce testacé a encore une large membrane qui paraît l'envelopper tout entier. Cette membrane est très-mince : elle laisse appercevoir une infinité de petits filets nerveux, à qui le moindre point de contact est extrêmement sensible, si l'on en juge par une foule de faits rapportés par les Sauniers; c'est peut-être ce réseau nerveux, si léger et doué d'une si grande sensibilité, qui remplace dans ce mollusque acéphale, l'organe de l'audition. Dans tous les cas, il faut nécessairement que quelqu'autre partie de l'Huitre soit substituée à la place de cet organe, et en fasse les fonctions; car il est impossible d'imaginer plus de promptitude à se mettre en garde, comme elle le fait en fermant fortement ses valves au plus petit bruit, au plus petit attouchement, souvent même il suffit de l'ombre subite d'un objet.

L'enveloppe dont on parle, a reçu avec raison le nom de manteau. Il paraît que les deux pans de ce manteau s'unissent au mouvement des branchies, ou plutôt qu'ils forment eux-mêmes deux branchies qui se meuvent comme les autres et simultanément. En effet, on ne compte que quatre feuilles, les deux pans du manteau compris. Mais ce qu'il y a de singulier, c'est de voir l'enveloppe ou manteau couvrir la sommité du corps de l'Huitre, que les uns prennent pour la tête, comme le ferait absolument un capuchon; c'est le pareil dessein, il y a une découpure devant l'ouverture de la bouche, de même qu'elle a lieu devant la figure d'une personne. Sans doute que la nature par cet arrangement a voulu laisser agir librement les grandes lèvres et permettre, sans obstacle, l'arrivée et l'introduction des eaux et des alimens.

Enfin, personne n'ignore que toute la chair de l'Huitre est généralement molle, néanmoins quand ce bivalve , soit à la mer, soit dans les claires , est arrivé à un certain âge , par exemple à neuf ou dix ans, terme à peu près de sa vie ; ou plus jeune quand il se trouve poussé, dans la mer , sur des fonds qui ne lui sont pas propices ; ou même dans les réservoirs quand il est trop entouré de vase, espèce de poison pour lui ; ou encore, quand il a éprouvé une lésion soit dans ses organes , soit dans la structure de ses écailles : dans tous ces cas , non seulement il perd le bon goût que les amateurs lui trouvent ; mais il devient insipide, mal sain , dur à la mastication et finit par périr.

Telle est , en très-courte analyse, la description du corps de l'Huître Verte de Marennes, semblable en tous points à celle de l'Huître ordinaire. J'aurais dû, avec mes faibles lumières en Anatomie et en Conchyliologie, m'abstenir d'entrer dans un examen aussi difficile, touchant cet article et le précédent, surtout vis-à-vis d'une classe d'hommes dont les connaissances acquises par une longue étude, leur donnent le droit de me déclarer incompétent et de blâmer avec raison les méprises que j'ai pu commettre ; mais je m'y suis décidé, parce que j'ai pensé qu'il resterait, au moins pour beaucoup de personnes, des notions générales qu'elles n'ont pas sur l'organisation de l'Huître et sur la structure de sa demeure. D'ailleurs j'ai voulu prouver que j'ai porté mon attention sur tout ce qui concerne nos Huîtres

Vertes. Ensuite mon but a été de renfermer dans un seul cadre, plusieurs remarques qu'on trouverait difficilement ailleurs, et d'y réunir celles qui ont été omises ou négligées.

~~~~~~

Des causes de la Génération de l'Huitre.

———✳———

Maintenant qu'on a une idée générale de l'organisation de l'Huitre, de la structure de ses valves, et de ses principaux moyens d'existence, il faut en venir à la grande difficulté qui embarrasse les plus studieux observateurs ; c'est celle relative à la génération de cet animal.

Il est certain, et à cet égard beaucoup de naturalistes ont la bonne foi de convenir, qu'il n'est guères facile de découvrir dans l'Huitre les parties génitales. J'irai plus loin, je ne pense pas qu'il soit possible de les distinguer dans sa construction si bizarre. Si quelques curieux en ont fait l'anatomie, tels que *Lister* et *Willis*, et s'ils prétendent ne s'être pas trompés sur la différence des sexes, je ne leur opposerai pas ma propre expérience parce qu'elle serait très insuffisante, et que je serais le premier à me récuser ;
~~~~~~

mais je ferai valoir, contre leur doctrine et leur systême, les diverses observations faites par les Pêcheurs, par les Sauniers et par les habitans de nos rives. Les faits qu'ils ont constatés résistent à l'admission du principe. En attendant que j'expose quelques-uns de ces faits, je crois qu'il est bon de s'arrêter en passant au plus notable et peut-être le plus sérieux, c'est que l'Huître est destinée à ne pouvoir d'elle-même quitter soit le lieu où elle a pris naissance, soit le lieu où la main de l'homme l'a placée ; d'où il suit qu'elle est dans l'impuissance d'aller se joindre par la copulation, ou quoi que ce soit d'aller provoquer la fécondité. De ce fait capital qu'elle est essentiellement immobile, Mr *Adanson*, qui s'est livré à une étude approfondie des coquillages, a conclu fort judicieusement que ces sortes d'animaux n'ont besoin d'aucun sexe pour se reproduire, ou que chaque individu les réunit tous deux.

On est donc déjà porté à regarder comme une fable, la découverte prétendue de *Willis* et de *Lister*. Cependant ce grand pas fait dans une carrière ouverte depuis si long-temps aux recherches des savans, n'est rien en comparaison de celui de monsieur le naturaliste *Deslandes*, dont on rapporte l'expérience dans des ouvrages que le public est accoutumé à consulter.

Ce dernier observateur assure que, dans la saison du frai, les Huîtres sont remplies *de petits vers rougeâtres*, et que ces insectes ont une vertu singulière sur elles; à la vérité il n'affirme pas qu'ils sont les causes de leur fécondité au tems où elle se déclare, mais il suppose que ces êtres étrangers leur servent pour ainsi dire *d'accoucheurs*, en excitant, d'une manière qui nous est inconnue, les organes propres à la génération.

Pour s'en assurer, il dit avoir pris des Huîtres ordinaires et les avoir mises vers le mois de mai dans un réservoir d'eau salée, et qu'alors elles ont laissé une nombreuse postérité; mais il ajoute qu'ayant renouvellé l'expérience avec d'autres Huîtres fécondes, *dont il avait retiré tous les vers qui y étaient renfermés*, ces dernières n'ont rien produit et la stérilité a regné dans tout le réservoir.

Si l'on était assez confiant pour croire à l'expérience de Mr *Deslandes*, et si l'on en tirait les mêmes conséquences, on ne pourrait s'empêcher de convenir, en même temps, que la nature aurait employé un expédient bien extraordinaire, pour ne pas dire ridicule, afin de consommer l'œuvre de la génération des Huîtres, tandis qu'elle avait le moyen si séduisant qu'elle a départi à la presque totalité des êtres vivants. On ne peut trop le répéter, un agent aussi détourné de son objet; aussi étranger à l'espèce; aussi mal construit pour la copule de ce bivalve; aussi insignifiant pour favoriser l'émission du

germe de fécondité, un pareil être, dis-je, serait
plus que surprenant; mais avant tout, il n'est
pas constant que les Huîtres fécondes retiennent
dans leur asile et vivent en commerce avec les
vers rougeâtres de Mr Deslandes. J'ai fait
moi-même l'expérience de ce naturaliste sur les
Huîtres fécondes ou laiteuses, soit au commen-
cement, soit dans le cours de leur fécondité,
c'est-à-dire depuis le mois de mai jusqu'à la
fin d'août. J'en ai ouvert un grand nombre sor-
tant de la mer ou des parcs, je les ai examinées
attentivement, à l'aide d'une loupe, je n'y ai
point rencontré de *vers rougeâtres*; seulement
j'ai trouvé, d'abord, sur plusieurs coquilles un
certain ver de couleur mal prononcée, monté
sur divers pieds, se recourbant comme la queue
de l'écrevisse et fuyant à l'approche du doigt.
Ensuite j'ai reconnu dans l'intérieur de quelques
grosses Huîtres uniquement, tantôt à travers les
branchies, tantôt près de l'ouverture de la bouche, une espèce de ver blanchâtre presque sans
mouvement, et qu'on prendrait réellement pour
l'embryon du frai de quelque grand poisson : il
ressemble à une forte épingle; sa longueur est de
cinq à six lignes, sa tête paraît pointue : à peine
a-t-on ouvert les valves de l'Huître qu'au moindre attouchement, ou par des légères secousses,
il se résout en une matière gluante et aqueuse.

J'ai interrogé les Sauniers sur l'origine
et l'existence de cet animal, ils m'ont répondu

qu'ils pensaient qu'il était de même nature que ces espèces d'êtres organisés, dont le volume est plus ou moins considérable et qui voguent dans la mer. L'intérieur de leur corps est une masse gluante et pleine d'eau ; le tout semble n'avoir pas de mouvement : ils appellent cet animal *marmout* et *conq*. Les mêmes m'ont assuré avoir vu plusieurs fois de ces sortes d'animaux marins jetés sur la côte par les flots : qu'ils les avaient écrasés de leurs pieds, et qu'ils s'étaient dissous de la même manière que l'embryon dont on vient de parler.

Cette explication ne m'a pas paru satisfaisante, aussi n'ai-je pas poussé plus loin mes questions vis-à-vis de cultivateurs qui ne savent que rapporter des faits et dans leur langage. Néanmoins ce que j'ai trouvé de plus positif dans leur rapport, où ils sont univoques, c'est qu'ils prétendent qu'on ne rencontre le fœtus, dont il est question, que dans les grandes Huîtres, grasses et bien portantes ; que c'est même un signe certain de leur bon goût. En cela ils sont d'accord avec ma propre expérience, car je n'ai découvert le ver blanchâtre que dans quelques grosses Huîtres et d'une bonne qualité. Mais au demeurant pourquoi s'arrêter à discuter sur ce ver ; on ne veut sans doute pas qu'il soit un des principes génératifs des Huîtres, comme les insectes de M.r Deslandes ; si cela était, ce dernier ver serait encore plus surprenant !

En un mot peut-on sérieusement présenter à

l'instruction des hommes, comme l'ont fait, Mr Valmont-Bomare, et les écrivains de l'Encyclopédie, l'expérience de Mr *Deslandes*, pour prouver que ces vers rougeâtres sont la cause de la fécondité ou au moins les *accoucheurs* des Huîtres? Quoi! sur la simple assertion de ce naturaliste, qu'en enlevant ces vers de leur intérieur et qu'en les mettant, ainsi dépourvues, dans un réservoir d'eau salée, elles sont devenues stériles; lorsqu'au contraire, en laissant avec elles ces mêmes vers, il en est résulté, au tems du frai, une nombreuse postérité: quoi! dis-je, sur de semblables absurdités on va conclure, sans plus d'examen, que l'Huître a besoin d'un acteur de ce genre pour procréer; en verité on ne peut pas abuser d'avantage de la faculté de raisonner. Il me semble que les leçons et le gros bon sens de nos Pêcheurs et de nos Sauniers doivent suffire pour anéantir l'autorité de Mr *Deslandes.* On trouvera l'un et l'autre dans ce que je vais dire, je ne suis ici que leur interprète.

Il est certain que cet explorateur n'a pas fait son expérience sur les Huîtres, alors que ces animaux sont dans la mer ou placés dans des parcs; car il est prouvé qu'au moindre bruit, qu'au moindre contact, que la seule impression d'une ombre fugitive, comme je l'ai déjà dit, ils ferment leurs valves avec force et ne souffrent l'approche de quoi que ce soit; il n'a donc pu exécuter son entreprise que sur des Huîtres hors de l'eau, et cela par des moyens violens, c'est-à-dire en employant ou un couteau ou tout autre instrument tranchant, afin d'ouvrir les écailles ; car il est encore prouvé qu'il n'a pu saisir le moment où il arrive qu'elles s'ouvrent pour respirer, quand on les sort de leur élément, puisqu'il est démontré que le seul mouvement qui a lieu pour approcher d'elles, les fait fermer hermétiquement. Enfin, je ne veux pas croire qu'il ait profité de la circonstance où elles restent ouvertes, après quelques jours qu'on les a sorties de l'eau, parce que dans cet état elles sont mortes ; ainsi ce ne peut être que par des moyens violents qu'il est parvenu à son but ; or, on le demande, est-il concevable qu'il ait procédé à une telle opération sans toucher à la chair si molle et si susceptible de l'animal, sans mutiler quelques organes nécessaires à son existence.

On ne doit pas douter que Mr *Deslandes*, eut bientôt abandonné son projet, si auparavant il se fut donné la peine d'interroger les Pêcheurs et les Sauniers qui élèvent des Huîtres. Ceux-là lui auraient appris que la moindre lésion qu'elles éprouvent, même à leur extérieure, occasionne un si grand dérangement dans leur être, que non seulement elles ne sont plus propres à la génération, mais qu'elles deviennent maigres, languissantes et périssent. Ils l'auraient instruit, que quand ils changent leurs Huîtres de claires ou parcs, ils prennent les plus grandes précautions pour ne pas les heurter ou leur causer quelque mal; qu'ils en font de même quand ils détachent les petites Huîtres des grosses; que si par mégarde, en entrant dans une claire, ils foulent un peu de leurs pieds quelques Huîtres, ou s'ils attaquent au vif leurs coquilles en séparant les Huîtrs, ils les reconnaissent à la première occasion qu'ils ont de les remanier; parce que celles-ci sont plus légères et qu'elles ont moins grossi que les autres. Enfin s'ils les ouvrent, ils les voyent décharnées, d'une couleur jaunâtre et sans espoir de fécondité; elles sont en outre dures et d'un manger très-désagréable. Cependant l'Huître couchée sur un lit de vase, n'a rencontré que peu ou point de résistance, et le pressement des valves par les pieds, n'a pas dû être considérable. D'un autre côté l'outil dont se servent les Sauniers pour détacher les *Huîtras* n'est point aigu, et ils ne l'introduisent point dans les coquilles. Enfin aucun acte des Sauniers sur les Huîtres ne les prive de leurs vers génératifs ou *accoucheurs*, et quoiqu'il en soit ces animaux tombent dans la situation que je viens d'annoncer. Quel sort plus déplorable pourrait-il donc leur être reservé, si comme Mr *Deslandes*, les Sauniers ouvraient leurs valves à l'aide d'un fer tranchant, et leur arrachaient l'auteur prétendu de leur fécondité !

Pour en finir sur ce point , il n'est qu'un mot
à dire à tous ceux qui ont lu , ou qui liront les
dissertations de messieurs les Encyclopédistes,
de Valmont-Bomare , et autres, sur les Huîtres ;
c'est que par l'action seule d'ouvrir une Huître ,
n'importe le moyen qu'on emploi, on rompt infailliblement le ligament qui unit les deux valves , ou si l'on veut la charnière, et qu'une fois
l'animal réduit à ce triste état , il ne peut plus
vivre, quelqu'attention qu'on prenne de le remettre sur le champ dans la mer ou dans un
réservoir d'eau salée.

Si du moins M.ʳ *Deslandes* avait déclaré
qu'à la suite de l'ouverture forcée de leurs coquilles, et de l'extraction de leurs *vers rougeâtres*,
il avait trouvé toutes mortes, dans le réservoir,
les Huîtres ainsi mutilées, on n'eut pas manqué
de le croire, et son expérience ne serait pas ici
l'objet d'une critique fondée sur la raison et sur
la vérité.

On doit donc regarder comme une invention,
la cause de la fécondité de l'Huître , assignée
par ce naturaliste et par d'autres. Leur manière
de voir démontre de plus en plus l'embarras où
ils se sont trouvés, lorsqu'ils ont voulu déterminer les organes ou le principe d'où découle
la reproduction de ce mollusque.

On n'est pas plus fondé à prétendre, avec
Valmont-Bomare, que les Huîtres fécondes se
distinguent de celles qui ne le sont pas par une

petite frange noire qui les entoure ; qu'on est fondé à dire, avec *Lister et Willis*, que, dans le tems du frai, c'est-à-dire lorsque les Huîtres sont malades et maigres, on distingue la femelle du mâle à une certaine matière blanche qui paraît dans *les ouies*, lorsqu'aucontraire le mâle, au même endroit, a cette matière toute noire. La discordance dans les opinions de ces Messieurs, prouve mieux qu'on ne pourrait le faire qu'ils n'ont réellement point découvert dans les Huîtres la différence des sexes, et qu'il est impossible d'en distinguer les organes. Si c'était un fait indubitable que ces testacés ont des parties génitales, ces Messieurs seraient au moins d'accord sur les signes par lesquels ils les reconnaissent : tous les deux désigneraient le mâle comme la femelle par des marques invariables. L'un ne dirait pas que le mâle est celui qui montre dans ses ouies une matière noire, et l'autre que la femelle est celle qui possède une petite frange noire qui l'entoure.

Au milieu de ces incertitudes et des difficultés de pouvoir indiquer d'une manière positive les voies de la génération des Huîtres, je crois qu'il faut être de l'avis de M.ʳ *Adanson*, qui a rangé ces bivalves dans la classe des animaux *Aphrodites*, c'est-à-dire de ces êtres dont chaque individu reproduit son semblable, sans aucun acte extérieur de la copulation ou de la fécondation, par conséquent sans le secours de l'organe qui va provoquer la fécondité, et bien mieux encore, sans le concours d'insectes aussi bizarres que ceux de Mr *Deslandes*. Mais j'ai tort de conclure déjà, lorsqu'il me reste encore beaucoup à dire ; je vais donc poursuivre.

Je ne sais si nos naturalistes ont porté leurs recherches sur des Huîtres d'une autre espèce et d'une autre organisation que celles qui abondent sur nos côtes de la Saintonge ; toujours est-il que personne, à ma connaissance, n'a remarqué les signes indicatifs des sexes, dont il est question, et que chercher au surplus à persuader à nos Sauniers qui ont manié et ouvert des millions d'Huîtres, qu'il y a en elles des organes distinctifs du mâle et de la femelle, c'est vouloir leur proposer une absurdité.

Un juré en sel, qui passe dans la contrée pour le plus instruit et le plus habile en éducation d'Huîtres, se laissa aller à un certain mouvement d'énergie devant le congrès de Pêcheurs et de Sauniers que j'avais convoqué chez moi et que je consultais sur la grande question qui nous occupe. Pour réfuter, disait-il, tous les naturalistes qui prétendent avoir découvert les organes sexuels de ces animaux et qui leur attribuent des signes caractéristiques à cet égard, il suffit de leur opposer que si on détache du rocher à la mer une seule Huître, même de l'âge le plus tendre et qu'on la dépose seule dans un réservoir, celle-ci, à la saison du frai, deviendra malade comme les autres, c'est-à-dire

qu'elle sera laiteuse ou féconde, qu'elle se dé-
barassera de son lait qui contient le germe de
la fécondité, et se rétablira ensuite comme les
autres. Si l'on fait cette épreuve avec une seule
Huître, et si l'on a ce résultat, on peut la faire
avec un mille comme avec toute la famille
ostracée, le même résultat sera infaillible ; à
moins, ajouta-t-il, q'on ne veuille accorder à
l'Huître mâle la merveilleuse faculté de se reproduire par elle-même, il devient inutile alors
d'argumenter sur la distinction des sexes parmi
ces sortes de mollusques.

Le même juré en sel cita un exemple très-
frappant que lui avait fourni un accident arrivé
à l'une de ses claires, par le froid subit qui
survint dans l'hiver de 1820. J'avais, conti-
nua-t-il, parqué six milliers d'Huîtres : elles
avaient près de trois ans. Je ne pus les préserver de l'intensité du froid, elles périrent toutes,
à l'exception de douze à quinze, qui furent sau-
vées, comme par miracle. A la fin d'août de
la même année, l'époque du frai était alors passée,
je fus très-surpris, en voulant faire nettoyer ma
claire et la disposer à recevoir d'autres Huîtres,
de trouver attachées aux écailles des Huîtres
mortes, une quantité innombrable de petites
Huîtres déjà formées, lesquelles ont servi à
repeupler ma claire. Certes, termina-t-il en riant,
il a fallu que les Huîtres mâles, en supposant
qu'elles puissent se mouvoir pour aller trouver

les

les femelles, ou enfin les *vers accoucheurs* de Mr Deslandes, aient grandement travaillé pour avoir provoqué une telle fécondité.

Ce récit, qui fut fortifié de plusieurs autres exemples semblables, amusa beaucoup l'assemblée des notables Sauniers, tant les remarques et les expériences de nos naturalistes parurent étranges et denuées de fondement. Néanmoins, après ce petit écart d'hilarité, notre habile juré en sel expliqua d'une manière très-sensée l'espèce de phénomène produit dans sa claire. Il démontra par des faits incontestables, que lorsque le frai des Huîtres, c'est à dire la substance laiteuse qui sort de leur intérieur, ne se perd pas dans les vases, qu'elle s'attache au contraire à des corps solides quelconques, il était rare de ne pas voir les œufs, dont est remplie cette substance, se vivifier et mettre très-promptement au jour une infinité de petites Huîtres; en effet, dans la circonstance qu'il rapportait, il était évident que le frai des douze Huîtres qui avaient résisté à la rigueur du froid, devait avoir rencontré, dans les écailles des autres Huîtres mortes, un assez grand nombre de points d'appui, pour que ce germe de fécondité, divisé et porté par le mouvement de l'eau, vint s'y déposer et pulluler comme cela était arrivé.

De cette observation pleine de vérité, on peut aisément conclure que, si la plupart des semences des Huîtres n'étaient pas perdues dans la

3

mer, parce que les flots les portent souvent sur
des fonds vaseux, dont le défaut deconsistance,
et d'ailleurs les émanations insalubres empêchent
le développement ces germes et les étouffent
même dans leur essence, il en résulterait que
cette famille de testacés deviendrait extraordi-
nairement abondante et pourrait peut être déran-
ger, si l'on osait parler ainsi, l'admirable équilibre
qu'une main toute puissante a établi parmi les
autres espèces ; jamais du moins l'homme, ou
les ennemis de ces bivalves, ou l'action des élémens, ne pourraient en consommer, détruire, et
anéantir un assez grand nombre pour en dimi-
nuer l'excessive quantité.

Je crois maintenant qu'il est inutile d'argumenter d'avantage contre les soi-disant parties
génitales trouvées dans les Huîtres, ou contre
les expériences, en question, faites sur ces
animaux pour constater les causes de leur fécondité. Il me semble que jusqu'à nouvelles
découvertes plus séduisantes que celles déjà
publiées, il est beaucoup plus sage de s'en tenir
à des faits certains, invariables et non démentis
par le tems, que de se livrer à des conjectures
qui n'ont même pas l'apparence du spécieux.

En suivant la marche régulière de la nature,
et en étudiant ses opérations, nous sommes surs
d'avoir en elle un guide qui ne peut nous égarer,
comme notre propre jugement. Aussi, c'est en
se bornant à contempler ses immuables procé-

dés qu'il a été universellement reconnu, depuis l'instant où l'homme a porté son attention, ou son appétit, sur ces mollusques, qu'à partir du mois de mai jusqu'à la fin d'août, toutes les Huîtres, sans exception, qui n'ont éprouvé aucune attaque capable de menacer leur vie, deviennent laiteuses et contiennent toutes, par conséquent, le germe de la fécondité; il y a plus, les jeunes Huîtres, qui sont nées au précédent frai, sont soumises au même destin.

Il est encore universellement reconnu que cette substance laiteuse dont est rempli chaque individu, au moment où il paye son tribut, est vraiment ce qu'on doit appeller le frai, ou si l'on veut une agglomération d'œufs entourés d'une liqueur destinée sans doute à vivifier le germe, et à faire éclore les petits.

A la vérité, les Huîtres pendant le tems où elles se reproduisent, c'est à dire dans les quatre mois de mai, juin, juillet et août, sont d'un goût désagréable, elles sont en outre très malsaines; mais elles ont cela de commun avec d'autres ovipares, et ce n'est pour les amateurs qu'une privation qui se trouve amplement compensée par la multiplication infinie de nouvelles Huîtres, déjà propres à satisfaire leurs désirs, au bout de quelques mois d'existence.

Enfin, quoiqu'il en soit de ma résistance à admettre les divers systêmes des naturalistes que je viens de combattre, je dois cependant dé-

clarer que je suis d'accord avec eux sur un
point principal. Je crois comme eux, et tout l'annonce, que cette humeur laiteuse que jettent toutes
les Huîtres à la saison du frai, provient de cette
matière mêlée de couleurs noire et jaune qu'on
remarque dans la membrane intestinale, ou au
moins dans les mêmes téguments qui la renferment. Cela est d'autant plus vraisemblable, que
cette même matière, hors la saison du frai,
reste coagulée et compacte, et qu'une fois le
mois de mai arrivé, on voit que non seulement
elle perd ses nuances, mais qu'elle est moins
épaisse, qu'elle se divise et paraît rendre lactée
toute l'eau dont l'Huître est baignée. Dans tous
les cas, ce qui n'est point équivoque et sur
quoi personne, que je sache, n'a incidenté,
c'est qu'aussitôt que cette substance sort du sein
de l'animal et qu'elle s'adhère à un corps solide,
elle passe rapidement par divers degrés d'accroissement et ne tarde pas à laisser appercevoir une
infinité d'œufs où se développent, avec la même
progression, les élémens qui produisent les parties osseuses. Cela est si vrai que, dès l'instant où
ils sont rapprochés et combinés, les deux écailles
apparaissent toutes formées, d'un jour à l'autre.
Des Sauniers, qui ont une longue pratique, m'ont
assuré avoir remarqué plusieurs fois, qu'en moins
de trois jours, de la semence d'Huîtres déposée
sur une pierre, ou autre objet, avait donné la
vie à une foule de petites Huîtres, dont les écailles

présentaient déjà à la vue une superficie d'une à deux lignes, et semblaient déjà avoir quelque consistance ; qu'ils avaient ensuite observé que ces mêmes écailles grossissaient et se durcissaient, mais dans une moins grande progression que le premier jet.

Voilà des faits incontestables, ou plutôt voilà la main de la nature devant laquelle doivent s'incliner les naturalistes et leurs systêmes ; particulièrement les deux que je viens de signaler ; savoir, l'un comme supposant à la nature l'emploi de moyens répudiés par la raison ; l'autre comme attribuant aux Huîtres des signes qu'ils qualifient gratuitement d'organes sexuels, lorsque tout concourt à faire croire à l'invraisemblance des deux sexes dans ces animaux, notamment l'état invariable où se trouve chaque Huître, quand le retour imprescriptible de la saison du frai les soumet toutes, sans exception, à l'influence de la reproduction. Je dis sans exception, parce qu'il est surabondant de parler des accidents auxquels sont exposés tous les êtres destinés à la fécondité. Il faut donc définitivement conclure, comme je l'ai déjà fait, que l'espèce des Huîtres est *aphrodite*, c'est à dire, que ces animaux possèdent dans leur propre organisation l'inconcevable faculté de se reproduire par eux-mêmes.

De l'Éducation de l'Huitre Verte,
et des causes de sa couleur.

Quand la saison du frai est passée, et que les petites Huîtres sont déjà parvenues à une certaine grosseur, ou pour mieux dire, quand elles ont l'âge de six mois à un an, les Pêcheurs et les Sauniers vont les détacher à la mer, soit du rocher où elles se sont agglomérées et y forment des masses, soit de tout autre corps sur lequel le frai a été porté et s'y est vivifié, soit enfin des grosses Huîtres elles-mêmes qui se trouvent isolées sur les côtes, et auxquelles leur substance féconde s'est jointe. Il arrive souvent que les Sauniers et les Pêcheurs rencontrent dans leurs pêches de gros paquets d'Huîtres qu'ils emportent ainsi attachées ; mais alors ils séparent les petites avec précaution, et font en sorte de ne pas offenser les grosses qu'ils vendent de suite, ou qu'ils gardent pour placer dans des réservoirs particuliers où elles prennent très peu d'accroissement, et point de qualité.

Pour cette simple opération, les Pêcheurs choisissent sur la rive immédiate de la mer, et à titre de premier occupant, un terrain qui leur convient,

ils l'entourent de petites levées et y déposent tout
uniment leurs Huîtres, lesquelles sont alimen-
tées, chaque jour, de nouvelles eaux salées par
les marées du soir et du matin. Ces réservoirs
sont des espèces de magasins pour les Pêcheurs :
on voit souvent leurs femmes et leurs enfants
s'y introduire pour prendre les Huîtres qu'ils
veulent aller vendre, ou, pour y en remettre
d'autres qu'ils ont ramassées. Ce genre d'industrie rend véritablement service au pays, en même
tems qu'il procure à une foule de familles des
moyens d'existence. En effet, lorsque ceux qui
vont aux coquillages, ne peuvent ramasser des
Huîtres à la côte, à cause des gros d'eau, ils
ont recours à leurs réservoirs, où on les y voit
entrer, ayant l'eau souvent au-delà des genoux,
pour en recueillir autant qu'ils croient en vendre dans les villes et villages environnants. Par
ce moyen les habitans voisins de la mer sont
assurés de manger des Huîtres très-fréquem-
ment, même en toute saison ; car dans celle où
elles sont ce qu'ils appellent *putes* ou laiteuses,
ils ne manquent pas d'aller choisir les *Huîtras*
qui ne sont pas encore d'âge à devenir fécondes.

Mais, s'agit-il pour les Sauniers et les Pêcheurs
de destiner les Huîtres qu'ils pêchent, à leur faire
acquérir et la couleur verte et le goût exquis
qu'on leur trouve, après un certain tems d'éducation, ce sont des procédés bien différents, et
beaucoup plus compliqués que ceux que je viens

de faire connaitre. En attendant que j'en donne le détail il faut continuer ce qui est relatif à la pêche.

On fait, pour le pays de Marennes, la pêche des Huîtres dans les *courraux* d'Oléron, depuis la pointe du Chapus jusqu'à l'Isle-d'Aix. A mer basse, on les prend à la main sur les rochers, ou de la manière que j'ai déjà indiquée ; à mer haute au contraire et dans les profonds, on les pêche à la drague ; mais il n'y a qu'un petit nombre de personnes qui puisse user de ce moyen ; cette pêche n'a ordinairement lieu qu'à partir du mois de septembre jusqu'à la fin d'avril. Il y a des réglemens et une surveillance à cet égard, parce que dans les mois qui n'ont point la lettre *R*, les Huîtres étant fécondes, on nuirait essentiellement à la propagation ; d'ailleurs ces animaux se trouvant alors dans un état véritable de maladie, il est prouvé qu'ils sont contraires à la santé de l'homme. Ainsi donc on a eu de justes raisons d'établir des règles de police sur cet objet ; mais j'ajouterai qu'il deviendrait très-intéressant qu'on surveillât mieux qu'on ne le fait, et la pêche, et la vente des Huîtres pendant la saison qu'elles sont *putes* ou laiteuses : je voudrais que l'autorité eut recours aux lois pénales pour empêcher ces abus, qui se renouvellent tous les ans.

J'assistai, en mars 1820, à l'une des pêches à la drague ; je fus surpris de la grosseur et de

la quantité des Huîtres qu'amenait l'instrument
ou filet. Les Pêcheurs en séparèrent les petites
qu'ils rejetèrent à la mer et ne conservèrent que
les plus fortes, et celles, disaient-ils, qui avaient
atteint un certain âge. Je leur demandai à
quoi ils destinaient celles-ci; ils me répondi-
rent ingénuement qu'ils avaient l'intention de
les placer dans des claires pour les fair verdir.
Ceci, soit dit en passant, est une fraude; car
nos Sauniers n'employent pas des Huîtres de
cette sorte pour leur obtenir la qualité et la
couleur verte, elles sont beaucoup plus jeunes.
Ils n'ont pas au surplus la fausse spéculation
de tromper les amateurs du dehors par ce stra-
tagême: ils perdraient leur réputation. Mais je
ne m'occupai pas de cela, je n'eus que le vif
désir de savoir à quoi ils pouvaient reconnaitre
l'âge de ces mollusques; et j'avoue qu'ils s'y pri-
rent obligeamment pour me donner des leçons;
je fis même un cours complet de Conchyliologie à cet égard. Je fus convaincu à leur démonstration qu'ils pouvaient en savoir autant que
beaucoup de naturalistes, du moins ils n'avaient
pas plus l'air de se méprendre, qu'un habile fo-
restier, appellé pour juger de l'âge d'un bois,
se trompe à la pousse. Pour l'Huître, c'est à
des espèces de raies qui se dessinent sur les
écailles, que les Pêcheurs rapportent le nombre
des années. Ils vont jusqu'à distinguer les crois-
sances qui se sont faites dans le courant de l'an-

née ; seulement dans ce dernier cas, les lignes sont moins prononcées que quand elles marquent chaque année. On peut distinguer ces lignes sur l'extérieur des deux écailles malgré leurs aspérités, néanmoins la valve inférieure ou concave les laisse mieux appercevoir, particulièrement dans son transparent. Elles se dirigent en serpentant d'un bord de la valve à l'autre : on dirait que ce sont des feuilles couchées les unes sur les autres, et étagées de façon que les extrémités sont à plus ou moins de distance, mais formant une harmonie entr'elles.

Nos Sauniers sont aussi habiles en cette partie que nos Pêcheurs : l'un d'eux me présenta un jour une Huître énorme qu'il venait de pêcher à la côte. Je comptai à part moi, sur la valve inférieure, huit raies, et lui demandai ensuite quel était son âge. Après un léger examen, il me repartit qu'elle avait huit ans, et il m'ajouta que c'était bien à peu près là le terme de sa longévité. Je la fis ouvrir et je fus très-étonné de ne voir qu'un très-petit animal, en comparaison de sa grosse enveloppe. Le Saunier employa toute sa logique et son expérience pour me démontrer qu'il en était de même de la plupart des Huîtres de cet âge et d'un coquillage aussi volumineux : lorsqu'elles sont parvenues à leur dernier accroissement, elles diminuent ensuite, deviennent maigres, ont les chairs dures, jaunâtres, et meurent dans cet état.

Quant à l'âge des petites Huîtres de l'année,
les Pêcheurs et les Sauniers peuvent compter à
peu près le nombre de leurs mois: ils estiment,
par exemple, qu'une petite Huître large comme
une pièce de trente sols, a trois mois; que celle
large comme un écu de trois livres, a six mois;
qu'enfin, celle qui est arrivée a un an, c'est à
dire, suivant les Sauniers, qui est née au dernier frai, et qui est prise au mois d'avril suivant,
est large comme une pièce de six livres.

Ce sont ces petites Huîtres que les Sauniers
vont spécialement chercher à la mer pour les
élever, et pour leur faire acquérir la couleur verte
et l'excellent goût qui les font tant rechercher. Afin
d'être récompensés plus surement de ces résultats, ils choisissent de préférence les mieux con-
formées, celles qui sont seules et qui ont au
moins un an. Cela n'empêche pas qu'ils en
prennent au-dessous et au-delà de cet âge; mais
ils prétendent qu'à un an les Huîtres sont dans
la meilleure proportion pour recevoir la couleur
et la qualité. Par la voie de leurs procédés, ils
prétendent également que les Huîtres détachées
du rocher, qui par conséquent ont déjà éprouvé
la rigueur du froid et l'ardeur du soleil, conviennent mieux pour élever dans les claires, que
celles pêchées dans les profonds, où la tempe-
rature se soutient presque au même degré. Ce
raisonnement paraît fondé, car l'Huître ainsi
acclimatée, doit être, en effet, plus sensible

à l'excès du froid ou de la chaleur, et par suite doit être bien moins portante dans son nouveau séjour, que celle qui a déjà été soumise à toutes les températures ; enfin elle doit être plus tardive à éprouver les nouvelles influences de la claire.

Les parcs où les Sauniers déposent ces Huîtres s'appellent claires, comme on a déjà dû le penser par l'emploi de cette expression. Ces réservoirs au lieu d'être situés au bas des sartières, ainsi que plusieurs écrivains l'ont annoncé, ou encore sur les rives immédiates de la mer que l'eau submerge deux fois le jour par le flux, en sont au contraire éloignés d'une certaine distance, et de manière qu'ils ne soient baignés qu'aux époques des malines ou grandes marées, c'est à dire à la nouvelle lune et à son plein ; et l'on sait qu'aux syzygies les flux sont plus considérables, et poussent les eaux plus avant sur les plages que dans les autres phases.

Ainsi, pour qu'une claire produise sur les Huîtres les effets qu'on en attend, il ne faut pas qu'elle soit exposée tous les jours à l'influence des eaux salées ; cela est aussi indubitable, qu'il est prouvé par une longue expérience, que plus ou moins de fréquence de ces eaux donne aux claires plus ou moins de propriété. Une claire, par exemple, qui n'a l'eau de la mer que la veille, le jour et le lendemain de la syzygie, aura moins de vertu pour la bonification des Huîtres,

qu'une autre qui la reçoit trois jours avant et
trois jours après ; l'une est nécessairement pri-
vée d'une action dont l'autre est favorisée dans
une plus juste proportion. Néanmoins toutes les
deux parviennent à rendre les Huîtres vertes.
et bonnes ; mais les Sauniers ont remarqué que
celle qui se rapproche un peu plus de la mer,
et qui par conséquent en est plus souvent visitée,
accélére d'avantage la couleur. Si les écrivains
qui se sont donnés la peine de disserter sur l'é-
ducation des Huîtres Vertes, en avaient eue
les premières notions, ils n'auraient pas commis
autant de bévues. En attendant que j'en parle,
je continuerai à établir les premières bases.

On est vraiment surpris en apprenant toutes
les choses qui doivent concourir à la production
de la couleur verte et de la qualité des Huîtres.
Quantité suffisante d'eau salée et d'eau douce ;
combinaison mesurée de l'une et de l'autre ; inter-
vention d'une température modérée ; nécessité
des vents de Nord-Est, accommpagnés de soleil ;
situation particulière des réservoirs sur une plage
telle que celle qui borde le confluent de la rivière
de la Seudre ; surveillance continuelle des Sauniers sur leurs réservoirs, afin qu'il y séjourne
le même volume d'eau en tems ordinaire, et que
son niveau soit augmenté dans les saisons exces-
sives ; leurs soins assidus pour que les élèves
ne soient point dominés par la vase, ni surpris
par les Cancres, leurs ennemis déclarés. Tels

sont les principaux agents et les principaux moyens, dont je parlerai successivement, qui participent directement ou indirectement à la couleur et à la bonification des Huîtres de Marennes, et pour lesquels avantages ces mollusques méritent de tenir le premier rang en France, si toutefois les Huîtres Vertes de Dieppe, de Saint-Waast de la Hougue, et d'ailleurs, peuvent entrer en concurrence.

Les claires sont établies çà et là sur les deux rives du confluent de la Seudre ; mais le plus grand nombre et celles qui ont le plus de réputation, sont situées sur la rive droite. Elles sont répandues sur environ trois lieues de plage, à partir du chenal *des Faux* jusqu'à celui *de Recoulenne* inclusivement, c'est à dire, depuis le point, à peu près, où les eaux douces de la Seudre font leur jonction et leur mélange avec celles de la mer, jusqu'à un autre point, en remontant cette rivière, où il n'est plus possible de faire verdir les Huîtres. C'est, suivant moi, à cette situation heureuse des réservoirs sur une plage baignée, par intervalle, de ces eaux combinées, qu'il faut attribuer l'une des principales causes de la couleur et de la qualité de nos Huîtres de Marennes : nous y reviendrons.

Ces *claires* sont des espaces qui n'ont ni régularité dans le plan, ni uniformité dans les dimensions. Elles ont toutes sortes d'étendues, néanmoins je ne crois pas que les plus grandes passent quatre cents toises de circonférence. Elles sont entourées de levées appellées chantiers, dont la hauteur et l'épaisseur est ordinairement de trois pieds. Il y a quelques fois des chantiers plus élevés, mais le Saunier les a construits ainsi, pour empêcher qu'on ne s'y introduise pour voler ses Huîtres. Quoiqu'il en soit, les marées des syzygies sont assez fortes pour exhausser les eaux par dessus ces mêmes chantiers, et les couvrir tous.

Il entre dans la bonne construction d'une claire que, dans son pourtour intérieur et au bas du chantier, il soit creusé une espèce de fossé large d'environ quatre pieds, afin que le milieu de la claire ne forme plus qu'un plateau sur lequel sont jetées les Huîtres. Ce genre d'établissement a pour but de faire retomber, du plateau dans le fossé, les vases amenées par les gros d'eau, et préserver par là les Huîtres d'en être trop incommodées.

Avant de mettre les Huîtres dans les claires, on laisse, en terme de Saunier, *parer* le sol au moins trois mois, c'est à dire qu'on attend qu'il se repose assez pour se consolider et prendre les impressions de l'air et du soleil. Les Sauniers décident même que plus le sol est reposé, plus les Huîtres prospèrent ; cependant ils ne voudraient pas que cela durât plus d'un an, parceque selon eux le terrain se neutraliserait. C'est donc à celui qui éleve des Huîtres à faire son calcul, et à adopter un moyen terme, suivant le nombre des claires qu'il a dans sa possession.

Une autre précaution peut-être plus essentielle, avant de confier les Huîtres au sol d'une claire, c'est d'en avoir applani la superficie comme une allée de jardin, et de n'y avoir souffert aucun objet étranger, pas même les herbes croissantes. On ne se doute pas au dehors combien nos Sauniers sont attentifs à cet égard, afin que rien ne puisse contrarier les effets qu'ils provoquent sur leurs élèves.

Un Saunier intelligent, qui veut accélérer le perfectionnement de ses Huitres, ne manque pas, dans le cours de l'année, de les changer de la claire où elles sont, pour les replacer dans un autre, dont le sol s'est préalablement reposé ; il a le soin surtout de les bien nettoyer de la vase qui entoure leurs valves. Beaucoup ne suivent pas ce procédé, ils attendent pour les changer de claire que la vase s'accummule et finisse par les fatiguer ; ils ont très-grand tort, et n'entendent pas leurs intérêts ; car une fois que cette substance, si pernicieuse à ces animaux, est parvenue à les dominer et qu'ils ne peuvent ouvrir leurs valves sans en être attaqués, leur santé en souffre considérablement, et par suite leur éducation est retardée. D'autres font autrement : ils ont le soin de séparer leurs Huîtres, lorsqu'après les avoir jetées à plein bo-

quet

quet dans la claire, elles se trouvent entassées
ou trop près les unes des autres ; ou bien encore
quand le flux trop précipité de la maline les a
poussées et culbutées; dans ce dernier cas, comme dans le premier, ils se hâtent de les rendre à
leur position naturelle et de les isoler ; ils font
plus, ils les portent sur les points de la claire
où il n'y en avait pas auparavant, parce qu'ils
ont l'expérience qu'une nouvelle place leur est
plus favorable. Ces procédés annoncent du zèle
et de l'intelligence de la part des Sauniers qui les
suivent : ils prouvent combien il est avantageux, pour la prompte bonification des Huîtres,
de les changer de réservoir au moins une fois
par an, quand même la vase ne leur causerait
aucun mal ; ils prouvent sur-tout combien il est
urgent de les changer, dès l'instant où la bourbe
afflue et paraît les incommoder.

A l'égard du volume d'eau utile pour la bonne
éducation des Huîtres, il est constant que les
Sauniers, aux saisons tempérées, n'en laissent
dans les claires qu'environ six pouces de haut.
Il en est autrement dans les températures exces-
sives, ils augmentent ce volume autant qu'ils
peuvent, et proportionnellement à la hauteur
des chantiers; mais malgré cette attention, ils
ne peuvent empêcher que les grandes chaleurs,
entre les marées du solstice d'été, ou celles qui
le précédent et le suivent ; qu'en outre les fortes
gelées des hivers rigoureux, ne leur portent des

corps funestes qui les conduisent souvent à la mort. Il en arrive de même lorsque les limons ont abondé dans les claires, pendant les hivers pluvieux et à leur suite, si les Sauniers ne sont pas assez vigilants pour reporter promptement leurs élèves dans d'autres claires, ce dernier fléau les détruit infailliblement.

Tous ces faits, qui sont notoires, étant posés, il est facile de reconnaître que nos Encyclopédistes sont tombés dans une grande erreur, en avançant que les claires, destinées à faire verdir les Huîtres, sont placées au bas des sartières, c'est-à-dire sur les rives contigues à la mer où le premier occupant les a construites. On ne peut pas plus ignorer le véritable état des choses ; et d'ailleurs la raison la plus péremptoire contre cette assertion, c'est que les parcs, édifiés sur les bords de la mer par le premier occupant, sont incapables d'aider d'aucune manière à rendre les Huîtres vertes, parce que l'influence des eaux douces et leur combinaison avec les eaux salées, étant nécessaires, comme on le justifiera, pour opérer la coloration, il est impossible que cela s'effectue dans des parcs où la mer fait son mouvement deux fois par jour, et où les eaux douces ne peuvent excercer d'action ; où enfin le soleil et les vents de Nord-Est, dont le concours est indispensable, ne peuvent agir efficacement, ces mêmes eaux salées étant sans cesse renouvellées, et jamais stationnaires.

La vérité est que les claires les plus propres à favoriser la couleur verte sur l'Huître, et même sur la moule, si l'on voulait expérimenter envers cet autre bivalve, sont établies, ainsi qu'on l'a déjà dit, à une distance raisonnable de la mer, ou plutôt du confluent de la Seudre. Cette distance est telle que le flux des marées ordinaires ne peut venir chaque jour les couvrir, mais seulement le flux des malines, aux époques des syzygies. On conçoit facilement la nécessité que les claires ne reçoivent le flux qu'à des intervalles; c'est afin que les autres agents ayent le tems de produire leurs effets sur ce liquide déjà mêlé avec les eaux de la Seudre, et que la durée de cette combinaison, pendant quelques jours, sur le sol des claires, puisse provoquer le principe colorant.

Quand les malines commencent ou déclinent, un Saunier attentif ne manque pas d'aller visiter ses claires pour voir si les eaux y entrent et en sortent librement. Pour ce mouvement d'entrée et de sortie, il existe une espèce d'écluse construite de façon qu'elle maintient toujours l'eau à la hauteur de six pouces. Avec cette seule quantité d'eau, les Huîtres peuvent être atteintes plus promptement et plus directement des impressions de l'air, du soleil, et jouir sans retard du bienfait des eaux pluviales qui surviennent; car comme on sera forcé d'en convenir, la réunion de ces agents est indispensable pour obtenir la couleur et la qualité de nos Huîtres.

Ainsi, c'est encore une inexactitude de dire, avec les Encyclopédistes, que les Sauniers laissent dans les claires *jusqu'à trois pieds d'eau*. Quand ils voudraient y retenir ce volume d'eau, ils ne le pourraient pas sans courir le risque de faire rompre les chantiers, qui n'ont guères plus en général que cette hauteur de trois pieds, et autant d'épaisseur ; ensuite sans s'exposer a voir périr leurs élèves par le manque d'eau, si pareil accident arrivait pendant les jours où ils ne croyent pas devoir porter l'œil à leurs claires. D'un autre côté, comment voudrait-on que les Huîtres reçussent efficacement les impressions du soleil, des vents, et l'influence des eaux pluviales, si elles étaient couvertes de trois pieds d'eau dans l'intervalle des malines.

Pour relever ici une autre erreur, il est bon de rappeller qu'avant de mettre les Huîtres dans les claires, le Saunier en a uni le sol le mieux qu'il a pu, et qu'il l'a tenu dans l'état de propreté le plus parfait, sans y laisser même des herbes croissantes. C'est donc n'avoir jamais vu les lieux, ni s'en être informé que d'écrire dans l'Encyclopédie que les claires verdissent, et par conséquent les Huîtres, *par une espèce de petite mousse qui en tapisse le fond*. On ne sait pas que s'il croît quelque chose dans les claires, après que l'eau y a séjourné quelques mois, et que les malines y ont entraîné leur fluide bourbeux, c'est malheureusement la vase, espèce de poison pour les Huîtres, et dont les Sauniers s'étudient à préserver ces mollusques; que si au demeurant il croissait au milieu des vases quelques végétaux, ce serait un motif de plus pour les Sauniers de changer leurs élèves de claires, afin qu'aucune substance étrangère ne vienne contrarier les effets qu'ils attendent. Et en outre, n'est-il pas déraisonnable de penser que la bouche de l'Huître, organisée comme elle l'est, puisse saisir des alimens aussi durs, aussi solides que des herbes, des plantes, qui croîtraient dans les parcs? Ensuite leurs viscères, pourraient-ils digérer ces alimens? C'est donc une grave erreur de croire qu'au fond des réservoirs il pousse quelque végétal dont se nourrissent les Huîtres.

Mr Valmont-Bomare n'a pas fait un conte moins ridicule, quand il a dit à l'article *Huitre*, tome 7.e de son ouvrage; *qu'il suffit, pour rendre les Huîtres Vertes, de les faire parquer dans des anses bordées de verdure.* Pour répondre à ce naturaliste, je pense qu'il suffit de dire que pour que cela fût, il faudrait de toute nécessité que ces animaux pussent quitter leur place pour aller se repaître *de cette verdure* le long des chantiers; or, tout le monde sait que les Huîtres sont essentiellement immobiles. Du reste je ne veux pas revenir sur la question de savoir par quels moyens ces testacés pourraient opérer la mastication de cette même verdure.

Je profite encore de la discussion sur un pareil sujet, pour faire connaître le plus singulier système concernant la couleur verte des Huîtres : il est consigné dans un article intitulé *Des Huîtres Vertes et de la cause de leur coloration*, que Mr Bajot, rédacteur *des Annales Maritimes et Coloniales*, vient d'insérer dans son n.° II de février 1821, page 132. L'auteur, après avoir réfuté, avec beaucoup de sagacité, l'opinion de divers sur les causes de la couleur verte de ces animaux, finit par en adopter une qui n'est pas moins attaquable que celles qu'il a critiquées. Pour ne point altérer le texte, je vais le rapporter tel qu'il est : « De ces observations et de quelques « autres, Mr Gaillou conclut que la couleur « verte de l'eau ; que celle de même nature que « prennent les Huîtres, dans certains parcs, au « printemps et en automne, sont dues, ainsi que « le goût piquant qu'elles contractent, à un « animalcule appelé *Vibrion*. Il est à remarquer « que la couleur verte et le goût piquant des « Huîtres augmentent en raison de la prolon- « gation du séjour de ces mollusques dans un « parc en verdeur, sans renouvellement de l'eau « qu'il renferme ; car si ce renouvellement a lieu « fréquemment, l'Huître perd peu à peu cette « intensité de nuance verte, et reprend, au « bout de quelque temps, sa couleur naturelle ».

Comme on le voit, je ne transcris que le passage de l'article où l'on décide gravement que l'animalcule *Vibrion* a la puissance de faire verdir les parcs et de communiquer aux Huîtres la couleur et le *goût piquant* qu'elles contractent. Si j'eusse copié tout le paragraphe, on eut été frappé de bien d'autres invraisemblances; on eut appris notamment que, « dans les parcs « en verdeur, si les Huîtres sont mises en tas « et non rangées côte à côte, il n'y a que celles « de la superficie qui verdissent; les autres con- « servent leur couleur primitive; et cela d'au- « tant plus qu'elles sont plus couvertes que les « premières ».

Je ne sais pas où l'on a imaginé qu'il soit possible de mettre dans les parcs des Huîtres *en tas* pour les faire verdir, sans occasionner la mort à celles qui sont aux premiers rangs, c'est-à-dire qui supportent le poids des autres; car il est démontré que si l'Huître n'a pas le libre exercice de ses valves pour aspirer le liquide et respirer l'air qu'il contient, elle est bientôt étouffée. On ne doit pas s'étonner qu'en entassant les Huîtres dans les parcs, il n'y ait que celles de la superficie qui verdissent, les autres sont bien incapables d'aucunes modifications, puisqu'elles doivent avoir cessé d'exister.

Il est évident que l'auteur de cette nouveauté n'a jamais connu l'éducation des Huîtres. S'il se fut procuré ce plaisir, il eut vu les Sauniers et les Pêcheurs lancer les Huîtres à plein boquet dans les parcs, et de manière qu'elles tombent çà et là sur le sol. S'il arrive que quelques-unes se touchent de trop près, ils ont le soin de les séparer, et jamais ils ne les mettent *en tas*. Je ne connais qu'un cas où ces animaux se trouvent entassés, c'est lorsqu'au tems du frai, la semence s'est attachée aux bords des valves des grosses Huîtres, et a produit des petites; mais alors ces dernières ne gênent point les auteurs de leurs jours dans le mouvement d'ouverture des valves, elles-mêmes trouvent aussi le moyen de le faire : celles qui ne le peuvent pas sont condamnées à périr. Enfin, quoique ces Huîtres soient ainsi agglomérées, il est constant qu'elles verdissent toutes, grandes et petites, quand la substance qui donne la couleur est répandue sur le sol et dans l'eau des parcs: ce qui se verra bientôt.

J'ai eu tort, sans doute, de m'appésantir sur une circonstance qui répugne à la raison et qui se refute d'elle-même; mais je l'ai fait pour convaincre ceux qui me liront que les personnes qui ont écrit sur la matière, n'ont connu par elles-mêmes ni les lieux, ni les choses.

Je reviens au fameux animalcule *Vibrion*.

J'ai vainement cherché dans les dictionnaires d'histoire naturelle, je n'ai point trouvé le certificat d'origine de cet être. S'il n'est point imaginaire, il ne peut porter qu'un nom de localité, autrement les naturalistes n'auraient pas manqué de le signaler, surtout ayant une vertu aussi extraordinaire. Cependant je vais supposer qu'il existe réellement, bien que nos Sauniers, dont je respecte l'opinion et l'expérience, refusent d'admettre ce petit animal et tous autres, pour causes de la couleur verte de leurs claires et de leurs Huîtres, et qu'ils ayent été tous en émoi, lorsque je leur ai lu l'article en question. Comment se peut-il, dirai-je avec ces braves gens, que les *Vibrions* aient la puissance de provoquer la couleur dans les claires et de la communiquer aux Huîtres? Sont-ils assez nombreux pour imprégner de leurs molécules une nappe d'eau considérable? S'ils sont en grande quantité, pourquoi ne les découvre-t'on pas à l'aide du microscope, lorsque l'eau des claires est diaphane? D'un autre côté, d'où viennent-ils? Sont-ils transportés par les malines au milieu des flots, ou sont-ils créés sur le sol même? Dans l'une et l'autre hypothèse, pourquoi se fait-il qu'ils ne maintiennent pas, en tout tems et dans tous les réservoirs, la couleur verte, puisque les malines ont leur cours réglé et imprescriptible, et que le sol est toujours là pour entretenir *la pullulation*, si je peux parler ainsi, de cette immense famille? Pourquoi encore se fait-il qu'il y ait une saison, celle du frai, où leur admirable propriété soit en défaut, non seulement par rapport au terrain, mais rapport aux Huitres, qui restent impertubablement dans leur état ordinaire? Enfin, pourquoi arrive-t'il que les claires, en admettant même que chaque particule d'eau soit un *Vibrion*, ne verdissent pas, s'il y a absence de tel ou tel élément : par exemple, s'il ne survient pas, ou des eaux pluviales, ou des vents du Nord-Est, ou du soleil ; et si les soins et l'intelligence des Sauniers ont manqué en quelques parties ?

Je n'en finirais pas si je voulais continuer la série des motifs qui doivent déterminer à repousser encore ces agents si gratuits de la couleur verte de nos Huîtres. J'ose espérer que les faits que je mettrai bientôt à la place des *Vibrions*, suffiront pour faire concevoir au public, et même à l'auteur de notre article, que ces animalcules, en supposant qu'ils existent, ne sont rien, et ne peuvent être pour rien, dans l'opération qui rend nos claires et nos Huîtres, vertes.

Quant au *goût piquant* des Huîtres Vertes, dont le même auteur assigne également la cause, je ne m'en occuperai pas, parce que sa manière de voir est si contraire aux premières notions de l'éducation de ces mollusques, que ce serait mal à propos prolonger la discussion.

Les Encyclopédistes ne sont pas plus fondés à accorder à la nature du sol, la faculté de provoquer la couleur verte et de la communiquer aux Huîtres. S'il en était ainsi, on ne verrait pas le sol et l'eau des claires varier de couleur à deux époques marquées de l'année, et les Huîtres éprouver le même changement, sans qu'il soit possible de l'empêcher. On ne verrait pas sur-tout ces animaux rester verts, lorsque différentes fois le sol et l'eau ne le sont pas; exemple, lorsque le flux et le reflux des grandes malines ont dissipé la substance qui avait produit la couleur. Les deux époques où la couleur disparait et revient sont communément au mois de mai et dans le cours de septembre; s'il y a quelques variations, elles proviennent des saisons qui par fois sont plus ou moins avancées; mais toujours est-il, qu'en tems ordinaire, les Huîtres ne deviennent vertes qu'à partir de septembre, et ne sont susceptibles de rester empreintes de cette couleur que jusqu'à la fin d'avril; encore arrive-t'il, quand tout est vert, le sol et les élèves; quand les malines ont été bénignes, et quand rien n'a menacé la coloration, que néanmoins les Huîtres la perdent subitement, du moins en grande partie, par la survenance de pluies abondantes ou par d'autres intempéries qui agissent trop fortement sur les claires et font disparaître le principe colorant. Enfin depuis le mois de mai jusqu'au mois de septembre, tout change de physionomie, les claires ne reprennent plus la couleur verte, quoique les agents ordinaires se présentent favorables; et les Huîtres de leur côté tombent malades, sont laiteuses et leurs chairs deviennent blafardes.

Si donc le sol jouait le principal rôle dans la production de la couleur, cette variation pourrait-elle exister? En tout tems ne provoquerait-il pas la couleur dans les Huîtres, et en tout tems ne la conserverait-il pas lui-même? Pour peu qu'on presse de raisonnemens, comme on l'a fait pour les *Vibrions* des Annales Maritimes, on se sent obligé de convenir que le sol n'est point encore la seule cause de la transmission de la couleur verte aux Huîtres; mais ce qui doit achever la conviction à cet égard, ce sont les remarques suivantes constamment faites par nos Sauniers.

Ils regardent comme infaillible que dans les mois propres à la couleur, s'il survient des tems défavorables, il ne s'opère sur les claires et sur les Huîtres rien de satisfaisant; qu'aussitôt au contraire qu'il succède, pendant quelques jours, un beau fixe soutenu des vents du Nord-Est, on voit de suite verdir les claires par une espèce de sédiment qui en couvre le fond; qu'on voit, en même tems, se former le long du chantier, exposé au vent du Nord-Est, une laise d'une substance verte et bleue, que les fluctuations de l'eau semblent mettre en concrétion, à force de la refouler contre le chantier; et que, quand le calme plat se manifeste, cette substance se résout et se précipite au fond des claires; ce qui indubitablement augmente la coloration.

Les Sauniers ajoutent deux faits non moins constants : le premier est, qu'après une pluie et une température douces, le soleil et le vent du Nord-Est accélèrent plus promptement la coloration ; qu'il en est de même après des gelées blanches suivies d'un air doux. Le second fait, c'est qu'il faut que le vent du Nord-Est souffle modérément et n'agite que légèrement la superficie des eaux des claires ; que si ces vents étaient fougueux et violents, l'espérance de la coloration deviendrait illusoire.

Voilà des faits qui passent pour incontestables parmi les Sauniers qui élèvent des Huîtres. D'après eux, je ne pense pas qu'on puisse raisonnablement persister à concéder au terrain la vertu de produire les effets que je viens de faire connaître ; autrement il me semble qu'on serait fort embarrassé de soutenir une pareille thèse.

Mais enfin, demandera-t'on, à quels agents positifs peut-on donc attribuer la coloration des Huîtres, ou plutôt cette substance verte, dont on a parlé, laquelle serait la cause unique de la teinte des chairs de ces mollusques, après un certain séjour dans les claires ? Je ne prétendrai pas décider la question par des démonstrations palpables, mais au moins je tâcherai d'amener tous les esprits à convenir que ce n'est, ni par une espèce de mousse qui croîtrait au fond des réservoirs, ni par la verdure dont seraient bordés les chantiers, ni par les animalcules vibrions,

ni par la nature seule du terrain, que nos Huîtres acquièrent la couleur verte et le goût qui
font leur réputation. Mon opinion est qu'il faut
rendre hommage de cette opération curieuse au
concours de diverses choses. D'abord, à la situation de nos claires sur les rives du confluent de
la Seudre, dont les eaux douces sont déjà combinées avec celles de la mer, et qui poussées
ensuite dans ces réservoirs, aux époques des
syzygies, se combinent encore avec les eaux pluviales; en second lieu, à une température modérée; puis au soleil et au vent du Nord-Est
qui viennent développer le principe; enfin au
mode d'administrer les parcs : mode qu'une longue expérience a fait adopter. Cette opinion n'est
point un système, ni le fruit de l'imagination,
elle est fondée sur des faits recueillis par les Sauniers les plus habiles en éducation d'Huîtres, et
qu'il est impossible de récuser. Au surplus, je
vais rendre compte de tout ce que j'ai appris de
ces explorateurs, et de ce que j'ai vu par moi-
même.

Quand une claire, m'ont-ils dit, est reposée
à son point; qu'elle est bien nettoyée et applanie,
il est nécessaire, avant d'y déposer des Huîtres,
que l'eau de la mer y soit entrée la première
et l'ait imprégnée de ses sels; car si le Saunier
avait été surpris par la pluie, ou que par sa né-
gligence il eut laissé imbiber le sol d'eaux douces,
au moment d'y déposer ses élèves, la nappe d'eau

de cette claire ne se trouverait plus disposée à
prendre les impressions de l'air, du soleil, et des
eaux pluviales qui tomberaient; ensuite l'action
des vents du Nord ne provoquerait plus les mêmes résultats dont il a été parlé. Suivant les
Sauniers cet état négatif provient de ce que la
claire a été refroidie par les eaux douces;
aussi celui qui est attentif et soigneux cherche-t'il
à profiter du reflux des malines pour confier ses
Huîtres à une claire : par là il est assuré que les
eaux salées ont chargé le sol de leurs principes.

C'est une chose bien digne de remarque, m'ont
ajouté les Sauniers, que l'effet produit par les
impressions du soleil, agissant simultanément
avec les vents du Nord-Est, sur la combinaison
des eaux pluviales et des eaux de la mer, déjà
corrigées par celles de la Seudre. Cet effet est
tel qu'il s'opère probablement une dissolution
dont le résultat est un sédiment vert. J'ai pris de
ce sédiment au chantier d'une claire; sans doute
qu'il est de même nature que celui qui se précipite au fond de l'eau et qui entoure de toutes
parts les Huîtres; j'en ai fait sécher, et j'ai trouvé
au toucher qu'il était rude et friable comme de
la cendre.

Au surplus, que ce soit par l'effet d'une dissolution, ou par toute autre voie que cette matière
verte apparaisse, il n'en est pas moins vrai, et
c'est un fait incontestable, qu'elle ne reçoit son
existence dans les claires, qu'après que le cou-

cours, dont il est question, a eu lieu. Il n'en est pas moins vrai encore que, si ce sédiment ne survient pas dans l'intervalle des malines, les Huîtres ne prennent pas la couleur verte. Je dis qu'elles ne prennent pas la couleur verte, parce que je suppose que ces animaux ne l'ont pas encore prise depuis qu'ils sont placés dans une nouvelle claire ; car s'ils s'étaient déjà colorés, ils n'éprouveraient point de changement ; seulement ils ne feraient point de progrès, ou bien ils perdraient sensiblement de cette couleur, s'il se passait un certain tems, sans que les claires reverdissent.

Il ne faut pas perdre de vue, ce point est trop capital, que, si le concours des élémens, ci-dessus désignés, a produit la matière verte, ce résultat n'a pu s'effectuer que lorsque le Saunier a eu la précaution de faire introduire, dans le réservoir, l'eau de la mer la première ; s'il en était autrement, le soleil aurait beau darder ses rayons, et le vent du Nord-Est aurait beau régner, que le réservoir ne verdirait point, et les Huîtres, par conséquent, resteraient dans leur état primitif.

Ce qui prouve que les choses ne sont possibles que sous cette condition, c'est que si le Saunier recommence son opération avec une autre claire, et s'il procède comme il doit le faire, cette nouvelle claire, par un tems et par un vent propices, devient verte et les Huitres

prennent

prennent la couleur. Ainsi, m'ont encore ajouté
les Sauniers, quand on voit sur la même plage,
et quelquefois dans le même Lieu, une claire
qui fait les Huîtres Vertes et une autre à côté,
ou plus loin, qui laisse ces mollusques dans leur
état primitif, on peut conclure que l'attention
du Saunier a présidé à l'une, et que, pour l'autre,
il y a eu de sa part imprévoyance et défaut
de soin.

Les Sauniers insistent encore sur deux faits :
ils prétendent 1.º que, si les eaux pluviales, ou
des forts brouillards, et même des gelées blanches, ne surviennent pas entre les malines, le
concours favorable des autres élémens et le zèle
de ceux qui administrent les claires, deviennent infructueux. Ils voyent souvent des mois
entiers s'écouler sans pluie, et les Huîtres, comme
les claires, n'éprouver aucun changement.

Secondement, ils assurent que, si les pluies
tombent en trop grande quantité, les Huîres, loin
de conserver la couleur verte qu'elles ont acquise,
la perdent d'une manière sensible. A plus forte
raison, si elles étaient encore dans leur état
naturel, elles ne la prendraient point du tout
par la survenance d'une trop grande abondance
d'eaux douces, avant le moment où tout se présente favorablement pour créer le principe colorant. Le maître des claires alors ne peut plus
fonder d'espoir que sur ce qui se passera entre
les autres syzygies. Et à cet égard je n'ai pas

besoin de faire observer que le flux et le reflux changent chaque fois la situation où se trouvaient les claires, et que chaque fois ils en établissent une nouvelle; les Huîtres seules ne varient pas: si elles ont la couleur, elles la conservent.

Tels sont les faits sur lesquels j'ai fondé l'opinion que j'ai émise, laquelle consiste à attribuer à l'influence des élémens que j'ai désignés, la coloration des réservoirs, au moyen d'une substance verte produite par la combinaison de ces mêmes élémens, dans l'intervalle des malines, et dont les Huîtres, tout l'annonce, suçant continuellement les parties, finissent par prendre elles-mêmes la teinte de cette nourriture. Je suis d'autant plus convaincu de ce dernier effet sur elles, que cette matière paraît contenir des sels très-actifs; j'en ai mis sur ma langue, et j'ai jugé, par son goût âcre et piquant, qu'elle doit puissamment agir sur les chairs molles de ces animaux.

Ces causes, que j'assigne à la couleur verte, sont au moins raisonnables, elles ne répugnent pas à notre intelligence comme celles annoncées par les écrivains de l'Encyclopédie et des Annales Maritimes. Puisse cette critique de la part d'un Magistrat peu versé dans l'étude de l'histoire naturelle, mériter l'indulgence de nos *Lacepède*, et exciter, en même tems, leur zèle sur une question qui ne manquera pas de présenter de l'intérêt.

Des Causes de la Qualité et du Gout exquis des Huitres Vertes de Marennes.

Je dois maintenant m'occuper de la qualité et de l'excellent goût que les sensuels trouvent dans la chair de nos Huitres Vertes.

Il est certain que s'il est impossible d'accorder au terrain seul la propriété de communiquer la couleur verte à ces mollusques, d'un autre côté, on ne peut s'empêcher de convenir qu'il y a des motifs de croire qu'il coopère au moins à leur qualité et à leur bon goût. Ceux qui embrassent cette opinion vous disent que, quoiqu'en général les Huîtres Vertes du canton de Marennes soient toutes excellentes, et que le sol des rives du confluent de la Seudre sur lequel elles vivent, paraisse partout de même nature, néanmoins il est avéré qu'il y a une différence sensible dans le goût et la qualité des Huitres de tel ou tel point des plages de cette rivière, et ils induisent très-sérieusement que cette différence ne peut provenir que de la nature du sol, qui sur tel ou tel point possède plus ou moins de sucs favorables. Les notables du pays qui tiennent fortement à cette opinion, que la tradition d'ailleurs leur a transmise, vous citent les localités où ces variations se font remarquer. Ainsi, ils démontrent qu'avec les mêmes agens, avec la même température avec les mêmes soins, et la même surveillance de la part des Sauniers, cette même différence de qualité, de goût, qui plus est de couleur, existe entre le chenal des *Faux* et celui de Marennes; qu'elle devient plus palpable entre ce dernier et le chenal de *Lusac*; qu'enfin les Huîtres sont autant parfaites qu'il soit possible vers le chenal de *Recoulenne*.

Ce sont des faits que l'on ne peut pas dénier : il est constant que les Huîtres élevées entre le chenal des *Faux*, et celui de Marennes, ne sont ni aussi vertes, ni aussi agréables au goût, ni aussi remplies que celles élevées entre le chenal de *Lusac* et celui de *Recoulenne*, et cependant la distance du premier point à l'autre n'est que d'environ deux lieues, en longeant la plage; mais faut-il pour cela attribuer ces variations au sol, qui changerait de nature, par une gradation exacte, suivant les limites de chaque chenal que je viens de nommer, et qui par conséquent graduerait aussi la qualité, le goût et la couleur des Huîtres ?

Quant à moi qui connais toutes ces particularités, et qui ai peut-être plus d'occasions que

personne à Marennes de les apprécier, à cause
de mon vif désir et de mon habitude de manger journellement des Huîtres Vertes, prises
tantôt dans les claires de la partie haute de la
Seudre, tantôt dans celles de la partie plus voi-
sine de la mer, il m'est impossible, malgré mon
respect pour l'opinion d'un grand nombre de
citoyens estimables et éclairés de ce littoral,
d'admettre en principe que le sol soit l'agent
unique de la qualité, du bon goût et de la
couleur des Huîtres. Je conçois que les habitans d'un pays, qui ont l'avantage d'avoir sur
leur territoire une production quelconque, cher-
chent à faire sa réputation et à donner à leur
sol une vertu exclusive ; mais souvent ils se
trompent, et ce qu'ils regardent de bonne foi
comme une cause principale, n'est souvent
qu'un agent très-secondaire. Selon moi, c'est le
cas des habitans de cette contrée : ils imaginent
que, sans la propriété particulière de la terre
qui borde le confluent de la Seudre sur une
certaine étendue, ils ne pourraient pas réussir
à faire verdir leurs Huîtres, à leur faire acquérir la même qualité et le même goût que
ceux que nous leur trouvons, et ils persévèrent
dans leur opinion. Je désire pourtant, tout en
croyant qu'ils sont dans l'erreur, que ma manière de voir ne leur porte pas ombrage, et
qu'ils n'aillent pas conclure que je veux substi-
tuer à la prétendue origine de la couleur et

de la qualité des Huîtres, une cause qui ten-
drait à préjudicier aux intérêts et à la réputation de leur pays ; au contraire, la cause à
laquelle j'attribue ces effets curieux existe également sur leur territoire et conserve intact le
bienfait dont ils jouissent. Cette cause est l'heureuse situation de leurs réservoirs sur les
plages de la Seudre ; il n'en existe peut-être
pas une semblable en France plus favorisée et
plus propre à l'éducation des Huîtres : c'est
à cette situation privilégiée, je le soutiens,
qu'est dûe la couleur et la supériorité des Huîtres
de Marennes. Ainsi, sous ce dernier rapport,
cette ville et ses environs, qui jouissent déjà
d'une des plus belles salines de l'Europe, peuvent encore se flatter de posséder presque exclusivement une production que tant d'autres
pays leur envient.

Quand j'ai soutenu que c'était plutôt à la
position des réservoirs sur les rives du confluent
de la Seudre, qu'à la nature du sol, qu'était dûe
la qualité supérieure de nos Huîtres, je n'ai
pas entendu autre chose, si ce n'est que ces
réservoirs ne peuvent être mieux placés pour
recevoir et protéger les élémens provocateurs
de cette qualité supérieure. En effet, je crois
fermement que la combinaison des eaux de
la mer avec les eaux douces, qui s'y forme et
qui y est développée par l'action du soleil et
des vents favorables, produit en dernière ana-

lyse cette matière verte dont on a parlé, laquelle communique sa couleur à l'Huître, et lui donne, en même tems, une délicatesse de goût qui fait son premier mérite.

Je ne vois pas pourquoi la substance verte que paraît appéter cet animal, et dont il a l'occasion de se nourrir fréquemment, ne déterminerait pas en lui, tout à la fois, la couleur et la qualité. Je ne vois pas encore pourquoi, dès qu'on remarque des différences dans l'un et l'autre de ces deux effets, qui deviennent sensibles d'une partie de la plage à l'autre, on ne ferait pas attention comme moi qu'il y a aussi une différence dans le rapport des eaux douces avec les eaux salées, et que la température, le soleil et les vents ne peuvent avoir, par conséquent, qu'une action proportionnelle sur les claires et sur les Huîtres.

Pour bien saisir cette vérité, on se rappelera que j'ai démontré la nécessité d'une combinaison mesurée des eaux douces et des eaux salées, développées ensuite par les autres élémens favorables, afin que la couleur et même la qualité des Huîtres puissent s'opérer ; et que j'ai fait connaître par des faits attestés par les Sauniers, que s'il ne survenait point d'eaux pluviales entre les époques des malines, ou s'il en tombait en trop grande quantité ; en un mot si les eaux douces ou les eaux salées dominaient, ou s'il y avait absence ou trop petite quantité des

unes ou des autres, les élémens provocateurs
auraient beau devenir favorables, que les claires
ne verdiraient point, et que les Huîtres n'ac-
querraient ni la couleur ni la qualité, si elles
n'avaient déjà pris ces avantages, ou ne les
conserveraient que faiblement, si elles en
étaient pourvues.

Maintenant, si l'on fait l'application de ces
argumens aux faits existans, on sera convaincu
que, quand bien même tout deviendrait propice
au point que les Huîtres dussent nécessairement
acquérir la couleur, la qualité et le goût désirables, néanmoins cet état de choses ne pourrait empêcher que ces mollusques n'éprouvas-
sent des modifications, par exemple, s'ils étaient
placés, dans des claires voisines du chenal des
Four, parce qu'alors ces réservoirs étant plus
près du lieu où se fait la jonction de la Seudre
avec la mer, et l'eau devant être dans cet endroit
plus salée, ou si l'on veut moins influencée par
les eaux douces, il en doit résulter, avec mon
opinion, que la couleur et la qualité de ces mêmes
Huîtres ne peuvent pas être aussi parfaites que la
couleur et la qualité des autres Huîtres élevées
dans des claires situées en remontant la Seudre,
par exemple, vers le chenal de *Recouvenne* où
tout annonce que la balance et la combinaison
des eaux sont plus exactes, où enfin la pluie, le
soleil et le vent du Nord-Est, peuvent produire de
plus heureux effets. Et comme les choses se pas-

sent réellement ainsi ; qu'il est certain que les Huîtres élevées près du chenal des *Faux* ne sont jamais ni aussi vertes, ni aussi délicates, ni aussi remplies que celles élevées entre les chenaux de *Lusac* et *Recoulenne*, il me semble que mes propositions doivent déjà présenter quelque solidité.

Mais, d'autres faits plus décisifs vont jeter le dernier trait de lumière ; c'est que, si on remonte encore plus haut la Seudre, on ne peut plus y faire verdir les Huîtres, ni leur procurer aucune bonne qualité, parceque à *contrario* les principes des eaux de la mer n'y pouvant porter aucune action, à cause du trop grand volume d'eau douce de la Seudre qui les neutralise, il s'en suit que ces mollusques ne sont susceptibles d'éprouver aucun changement dans leur état naturel ; pas plus qu'ils sont capables d'en éprouver dans les réservoirs établis sur les rives immédiates de la mer, puisque ces parcs étant couverts deux fois par jour par le flux, ce mouvement d'eau réitéré doit infailliblement détruire toutes les impressions étrangères qui pourraient s'y effectuer ; aussi les Huîtres mises dans ces derniers parcs restent elles toujours dans leur état primitif.

Je ne sais si je suis dans l'erreur, mais je me persuade qu'il est inutile de chercher à prouver d'une manière plus sensible que le sol, non seulement n'a pas la propriété de donner aux

Huîtres, par sa propre nature, ce goût délicat qui procure aux amateurs une jouissance vraiment gastronomique, mais encore qu'il ne peut leur imprimer la couleur verte; ces effets curieux sont réservés, encore un coup, à la réunion et à l'influence des élémens dont j'ai déjà parlé, lesquels provoquent la matière colorante qui va se précipiter au fond des claires, et qui aspirée par l'animal, lui sert d'aliment, finit par l'engraisser et par lui donner un goût excellent, en même tems que ses chairs se convertissent en couleur verte, du moins en grande partie; car à l'exception du gros tendon qui l'attache à la valve supérieure, et de la membrane intestinale, le reste des chairs est coloré.

Tels sont les divers motifs de mon opinion relativement à la qualité des Huîtres; avec eux, on tire au moins des conséquences raisonnables, et on a de plus pour la soutenir les remarques de beaucoup de Sauniers, qui depuis longues années élèvent des Huîtres, et sont plus à même que personne d'observer les causes qui donnent à ces mollusques une perfection dont ils sont si jaloux, et à laquelle leur intelligence, leurs soins et leur surveillance ont beaucoup contribué.

En considérant les choses sous un autre point de vue, on est exposé à une foule de contradictions : on est souvent tenu, parce qu'on ne résiste pas à l'évidence, d'admettre des faits qui renversent de fond en comble le système opposé ; on est sur-tout obligé de convenir, en regardant le sol comme le principal agent, que si l'eau de la mer n'a pas la première imprégné de ses substances le plateau des claires, au moment où le Saunier veut y déposer des Huîtres ; que si ensuite il ne survient pas , entre les malines, ou des pluies, ou de fortes brumes, ou des gelées blanches, ou enfin une température utile ; que si enfin le soleil et des vents de Nord-Est ne viennent pas influencer et développer les effets que produit cette combinaison d'élémens, on est obligé de convenir, dis-je, que le sol par sa propre vertu ne peut provoquer la couleur verte ni rendre les Huîtres, ce qu'on appèle ici *caillées*, c'est-à-dire grasses, remplies et d'un bon goût, tandis que ces résultats sont infaillibles, alors que la mixtion des eaux douces s'est opérée ; que celle de la mer a préalablement porté son action sur le lit de la claire, et que les autres élémens sont favorables.

J'ajoute encore que si le sol avait la propriété qu'on lui suppose, il ne resterait pas impuissant pendant les quatre mois de la reproduction , qui sont mai, juin, juillet et août. Enfin, j'oppose aux partisans du sol que si, pendant ces quatre mois, les Huîtres, à cause de leur état de maladie, ne peuvent devenir vertes, ni acquérir de la qualité, au moins ce même sol doit faire preuve de ce dont il est capable;

mais point du tout, les claires elles-mêmes ne manifestent aucun changement.

Actuellement, je m'attends que diverses personnes qui liront cette dissertation, ne manqueront pas d'objecter que, si tels sont les effets produits sur les Huîtres par les voies indiquées et sans la participation de sol, alors toutes les plages de l'Océan et de la Méditerranée, où ces mêmes voies existent sans doute, et où l'on peut administrer des réservoirs comme ceux de la Seudre : toutes ces plages, diront-elles, devraient être favorisées des mêmes avantages ; et cependant il est reconnu qu'à l'exception de quelques points des côtes des deux mers, les autres rivages ne fournissent point d'Huîtres Vertes.

Je répondrai d'un seul mot que, si dans les pays maritimes on possède une situation de terrain pareille à celle des bords du confluent de la Seudre ; si l'on procède de la même manière que nos Sauniers, et si l'on est également secondé par les élémens que j'ai cités, les expériences qu'on voudra faire, devront être couronnées du même succès. Je ne connais point les plages d'Angleterre, de la Normandie et d'autres contrées où l'on élève des Huîtres pour verdir et bonifier, mais je ne crains pas d'avancer qu'on doit avoir, comme dans les cantons de Marennes et de la Tremblade, une combinaison primitive d'eaux douces avec celles de la mer ; ou bien, on doit attendre la survenance d'une assez grande quantité d'eaux pluviales, et alors l'opération devient plus longue et plus éventuelle ; qu'on doit procéder comme le font nos Sauniers ; que les réservoirs ne doivent recevoir les eaux salées qu'à des intervalles ; qu'enfin ces mêmes réservoirs ne peuvent prendre la couleur et la communiquer aux Huîtres avec la qualité, que par le concours d'une température et de vents propices.

A moins qu'on ne parvienne à découvrir que les eaux douces, qui participent essentiellement aux effets en question, ont, dans les pays d'Huîtres Vertes, des propriétés particulières auxquelles il ne manque que l'influence du soleil et des vents pour produire le principe colorant, je ne changerai rien à ma réponse. Toutefois je ne désire rien tant que d'être contredit, non pas par des allégations ou des argumens spécieux, mais par des faits incontestables, ou à leur défaut, par une démonstration qui satisfasse l'esprit et la raison. (1)

(1) Dans le cours de l'impression de ce petit travail, j'ai lu dans le *Mémorial des Sciences et des Arts* de 1821, une note de M. Pasquier fils, mon compatriote, par laquelle il annonce que le propriétaire du grand parc d'Huîtres de la ville du Havre, va entreprendre de faire verdir des Huîtres par le moyen d'un petit parc séparé du grand, et en laissant séjourner ces mollusques plus longtems dans les eaux salées. Si ce spéculateur réussit ainsi, il aura bien mérité des friands, et mon système pourra recevoir des atteintes, mais il faut attendre le succès.

Des Moyens les plus certains de perfectionner les Huîtres Vertes.

Pour élever le mieux possible les Huîtres Vertes, et pour en obtenir la plus grande perfection, un Saunier a plus ou moins de claires à sa disposition, suivant la quantité qu'il veut faire parquer. Cependant il ne consulterait pas ses intérêts, s'il ne destinait pas au moins un quart de ces réservoirs à se reposer pour les utiliser en cas de besoin. Il y a, dans les environs de Marennes, des spéculateurs qui ont jusqu'à vingt-quatre et trente claires, et ils en laissent vacantes huit ou dix. A la vérité les malines submergent ces claires comme celles qui sont occupées, mais elles sont ouvertes de manière qu'après le reflux, il n'y reste point d'eaux salées. Quant aux eaux pluviales qui tombent entre les syzygies, le sol, l'action des vents et le soleil les ont bientôt épuisées, ou s'il en reste, le Saunier a le soin de les faire écouler, si cela lui paraît nécessaire.

Avant de se servir d'une claire, le Saunier tâche, comme on l'a déjà dit, d'en bien applanir le fond, et de la nettoyer très-proprement;

il doit tenir sur-tout à ce qu'elle ne soit ni trop
ni pas assez reposée ; car dans le premier cas,
si le hâle ou la trop grande sécheresse, par
exemple, avait gercé la terre, il ferait une faute
de s'en servir parce que, disent les connaisseurs,
une pareille claire serait trop *âcre*. Dans le
second cas, le sol pourrait être trop froid et
pas assez frappé des impressions de l'air et du
soleil : un Saunier expérimenté doit donc décider
de ces circonstances. En tout cas, il doit être
flatté quand il voit le fond d'une claire vacante
couvert d'une espèce de croûte formée par le
passage des eaux salées; c'est pour lui un indice
que les Huîtres y prospèreront davantage.

Lorsque le Saunier met les Huîtres pour la
première fois dans une claire, si ces animaux
sont déjà d'un certain âge, tel que de trois à
quatre ans, il ne peut mieux faire, pour accélérer leur couleur et leur qualité, que de les
placer une à une, et de les isoler. Et comme
souvent il ne tend qu'à obtenir un peu de couleur
pour ces sortes d'Huîtres, un séjour de quelques
semaines suffit, en suivant le procédé que j'in-
dique, et pourvu que la coloration soit favorable.

Si au contraire ce sont de petites Huîtres du
dernier frai, de la largeur d'une pièce de trente
sous, il est d'usage de les laisser dans la même
claire pendant un an, dix-huit mois, deux ans,
et au surplus, jusqu'à ce que l'on s'apperçoive
que la vase les domine et les incommode; car

on ne peut trop le répéter, la bourbe est le plus grand adversaire de ces animaux. Je dis lorsqu'en s'apperçoit que la vase les domine : parce que si elles ne peuvent plus saisir le sédiment vert qui se précipite sur le sol et sur elle, il faut s'empresser de les porter dans une autre claire, pour qu'elles puissent profiter de nouveau d'un aliment qui paraît lui être très-agréable, du moins si l'on en juge par le mouvement de leurs valves, et par l'activité avec laquelle leurs suçoirs agitent et aspirent la substance.

Pendant que le Saunier est occupé à changer ses Huîtres de claire, s'il fait un soleil ardent, il doit prendre les plus grandes précautions pour que ces animaux n'en reçoivent pas de trop fortes impressions ; autrement, si pareil malheur arrivait, ils languiraient, ne profiteraient plus et finiraient par mourir.

Enfin, quand le Saunier a terminé son opération ; qu'il a bien nettoyé ses Huîtres ; qu'il les a replacées dans une autre claire précédemment reposée, comme on l'a prescrit plus haut, il s'abuserait en croyant que cela suffit, il doit recommencer la même opération toutes les fois qu'il y a nécessité. Le besoin sur-tout de les relever d'une claire et de la nettoyer, arrive lorsque les malines des équinoxes, qui sont ordinairement les plus fortes et les plus nuisibles, ont amené avec elles une trop grande quantité de

vases

vases et qu'il y aurait péril pour les élèves, si on ne les changeait pas promptement de réservoirs ; ou, en supposant que le Saunier n'aurait pas de réservoir disposé, s'il ne se hâtait de les débarasser provisoirement de la bourbe qui les couvre et les étouffe, pour les mettre ensuite à flot sur cette même bourbe. En un mot, le Saunier doit répéter ces procédés quand le besoin se présente et jusqu'à ce que ces mollusques soient arrivés à leur perfection : ce qui est communement à l'âge de trois ans. A cette époque le plus grand nombre est vraiment propre à la vente.

Je vais plus loin, quand même les accidens que je viens de signaler ne surviendraient point, un Saunier intelligent ne doit pas toujours s'arrêter au bon état où se trouvent ses Huîtres dans la claire, il doit se donner la peine de les transporter dans une autre qui est parée ; parce qu'il lui est démontré que le changement de demeure leur est favorable, et provoque davantage la bonification. J'ajoute cependant, ainsi que je l'ai déjà fait, qu'en transportant les Huîtres dans de nouvelles claires pour la deuxième, troisième et quatrième fois ou plus, le même Saunier qui s'applique à leur éducation, doit veiller à ce qu'elles ne soient plus pêle-mêle, comme cela peut avoir lieu, lorsqu'au sortir de la mer il les jette confusément et à plein boquet dans leur première claire. Ces animaux placés avec plus d'ordre

et isolés les uns des autres, acquièrent un
plus prompt accroissement et plus de qualité.
Il y a des hommes qui ne se bornent pas à ce
soin, ils ensemencent les parcs, ôtent les Huîtres
de leur plus ... et ... sur d'autres points
... accept... qui prétendent avec raison
que ces Huîtres ... presque dans les mêmes
parcs, beaucoup ... avantageux.

En général, les Saumers spéculateurs, je crois
l'avoir déjà fait observer, ne mettent pas
grand intérêt à faire parquer les petites Huîtres
qu'ils ôtent ... les grosses Huîtres déjà vertes.
Leurs motifs sont que ces petites Huîtres sont
ordinairement mal faites, et qu'elles grossissent
moins rapidement que celles choisies à la mer.
En effet il est d'expérience que, sur ces dernières,
l'influence des eaux douces est plus active et
plus efficace, d'où il suit qu'elles doivent être
préférées par ceux qui font le commerce. Mais
les autres Saumers et des propriétaires font autrement, loin de mettre au rebut les petites Huîtres
vertes séparées des grosses, ils les conservent
au contraire, en choisissant toutefois celles qui
leur paraissent les mieux faites; ils en achèvent
l'éducation malgré qu'elles restent plus de temps
dans les claires pour devenir marchandes,
c'est-à-dire assez grandes pour être vendues.
Les motifs de ces Saumers et propriétaires sont
très-louables, ils ne peuvent que tourner à
l'avantage du pays et des consommateurs;

parce qu'il est certain que les Huîtres, issues d'Huîtres Vertes, se trouvant, dès leur naissance, acclimatées dans les réservoirs et n'ayant cessé de recevoir les influences propices de la température et des eaux douces, deviennent plus délicates et plus savoureuses. Aussi les habitans de cette contrée dont le goût est plus susceptible qu'ailleurs, font ils plus de cas des enfans d'Huîtres Vertes que des autres, à qui on a pour ainsi dire forcé l'éducation. Je suis entièrement de leur avis, et je conseille même aux amateurs qui donnent des ordres à Marennes, de demander par préférence de ces Huîtres perfectionnées, principalement de celles du village de *Lusac*.

Une remarque essentielle à faire encore au profit des amateurs, c'est qu'il arrive très-souvent que les Pêcheurs et les Sauniers des environs de Marennes, principalement ceux de la rive gauche de la Seudre, placent dans leurs claires des grandes Huîtres de drague pour leur faire acquérir de la couleur. Une telle spéculation m'oblige à dire que ces sortes d'Huîtres ne peuvent prendre ni une teinte verte aussi prononcée, ni le perfectionnement de nos Huîtres élevées, dès le bas âge, dans les claires situées en de-ça de la rivière, parce qu'elles sont trop anciennes, trop dures et qu'on ne les laisse pas parquer assez de tems. Ainsi donc, en les expédiant sous le titre d'Huîtres Vertes de Marennes, non seulement on perd leur bonne réputation, mais on fait des dupes par une pareille fraude.

Les consommateurs de l'intérieur sont encore trompés, cependant cela est extrêmement rare, lors que des hivers rigoureux, tels que ceux de 1766 et 1789, après avoir presqu'entièrement détruit la pépinière des Huîtres dans les *courraux* d'Oleron, obligent les Sauniers à recourir à celles des côtes de la Bretagne et de la Manche. Ces mollusques, ainsi dépaysés, gagnent à la vérité dans les parcs, avec le tems, de la couleur et quelque bonification, mais arrivés à une certaine grosseur ils ne se perfectionnent plus et ne font plus que végéter ; ils ont en outre, comme les grandes Huîtres de drague, un défaut, c'est d'avoir les écailles très-épaisses et très-pesantes, ce qui n'est pas très engageant pour les amateurs du dehors, parce que leur port occasionnant le double de frais, ils ne récompensent pas suffisamment par leur bonne qualité et leur bon goût. Il n'en est pas de même de nos Huîtres indigènes qui sont arrivées à l'âge d'être vendues, après avoir séjourné le tems nécessaire dans les claires de la rive droite de la Seudre, celles-là sont supérieures en couleur, en qualité et en goût ; elles ont de plus les écailles plus lisses et moins pesantes, conséquemment elles ne coûtent pas autant de port.

Si je fais ces observations en passant, je déclare que je n'ai d'autre intention que de dire la vérité, et d'apprendre à beaucoup de personnes des choses qu'ils ignorent sans doute.

Je devrais m'arrêter ici, parce que je crois
avoir indiqué les principaux moyens de perfec-
tionner les Huîtres Vertes ; cependant je signa-
lerai encore quelques actes de surveillance qui
appartiennent à leur éducation. Les Sauniers
doivent notamment visiter avec attention leurs
claires après le reflux des malines et examiner
par tout si le gros de l'eau n'a point détérioré
les chantiers et si, sur-tout, les crabes ou cancres
n'y ont point commis quelques dégradations ; car
on saura, dans l'article suivant, de quoi est capable cet espèce d'animal amphybie. Si les Sauniers
ne surveillaient pas et ne raccommodaient pas
de suite les chantiers endommagés, l'eau des
claires pourrait se perdre , et il serait possible
qu'elles en manquassent dans l'intervalle des
malines, ce qui ferait supporter aux Huîtres
deux accidents très-dangereux.

Le premier dans les grandes chaleurs : en
effet, si ces animaux n'avaient pas au moins
deux pouces au-dessus de leur première valve,
et s'ils restaient pendant quelques jours dans
cette situation, ils seraient exposés à mourir.
Ils le seraient bien davantage si les claires se
vidaient complètement; dans cette dernière situation à peine faudrait-il un soleil ardent pour
leur ôter la vie. En général le Saunier doit préserver ses Huîtres du coup de chaud, parce qu'a-
lors si elles ne périssent pas, elles languissent,
et sont longtems à se refaire , même en les
changeant de réservoir.

Le second accident serait dans les grands froids : il est évident que si une claire venait à perdre son eau, un seul jour ou une seule nuit suffirait pour leur enlever la vie, parce que ces mollusques ayant les chairs si tendres et leur intérieur étant d'ailleurs rempli d'eau, le froid qui frapperait directement sur eux les aurait bientôt congelés. C'est donc plus particulièrement en hiver que le Saunier doit donner toute sa sollicitude à ses claires, non seulement pour examiner après les malines si les chantiers ne sont point dégradés par quoi que ce soit, et s'ils ne perdent point l'eau en réserve, mais encore pour en augmenter le volume, lorsqu'il prévoit de fortes gelées entre les syzygies. Dans cette inquiétude, il est nécessaire qu'il retienne à la prochaine maline autant d'eau que la claire peut en contenir sans menacer les chantiers, attendu que cette eau étant moins sujette à geler que l'eau douce, il en résulte que les Huîtres courent moins de risque. Il n'y aurait que le cas où le froid deviendrait si âpre qu'il congelerait la nappe d'eau jusqu'au sol ; alors les soins seraient perdus, et il n'y aurait plus de remède ; mais s'il restait assez de fluide pour que les Huîtres pussent ouvrir leurs valves et aspirer les alimens, elles se sauveraient encore, tout en souffrant beaucoup. D'un autre côté, le Saunier ne manquerait pas de venir à leur secours aussi-tôt qu'il s'appercevrait que le froid commencerait à céder, il fendrait la glace sur quelques points des claires, afin de laisser agir l'air extérieur, et afin de ranimer par-là ces malheureuses prisonnières.

Il est d'autant plus important pour les Sauniers d'être très-attentifs à leurs claires pendant les hivers, que l'an dernier, (1820), la plupart d'entre eux aurait pu éviter l'accident qui arriva. En effet, s'ils avaient eu la précaution d'augmenter le volume d'eau, dès le mois où les fortes gelées sont présumables, ils n'auraient pas été victimes de leur imprévoyance, en perdant presque toutes leurs Huîtres, que l'âge, la couleur et la qualité rendaient déjà propres à la vente. Le froid des premiers jours de janvier fut si subit et si intense que l'eau des claires et les Huîtres furent congelées, sans pouvoir y apporter remède. Cette perte se fait sentir aujourd'hui, on ne peut plus trouver, à quelque prix que ce soit, des Huîtres d'une certaine grosseur, et ayant la couleur et la qualité désirables. C'était beaucoup trop pour les Sauniers de perdre en un instant le fruit de leurs travaux et l'espoir de leurs familles, mais leur malheur a encore été aggravé par les difficultés qu'ils ont éprouvées pour repeupler leurs claires; heureusement qu'ils y sont parvenus en faisant un sacrifice d'argent, et on a l'espoir que dans le cours de 1822 on pourra manger de belles et excellentes Huîtres Vertes.

A ce sujet, je ne dissimulerai pas, d'après ce que m'ont rapporté les Sauniers, que MM. les Commissaires de Marine ont été un peu trop sévères, sur-tout d'après l'événement qui a détruit la presque totalité des Huîtres parquées, en défendant à ces pauvres gens d'en pêcher de nouvelles dans les courraux d'Oleron pour repeupler leurs réservoirs, et en ne donnant exclusivement cette permission qu'à des marins Pêcheurs, lesquels, comme on le pense, tirent un bon parti de ce coquillage, au moyen de ce qu'ils frêtent leurs barques pour le conduire à tel ou tel point de la Seudre où les Sauniers vont le prendre. Si pareil accident arrivé à nos claires, en janvier 1820, devait par malheur se repéter, il n'est pas douteux que cette prohibition nuirait nécessairement à la si utile multiplication des Huîtres Vertes; qu'elle annullerait ce genre d'industrie, et enleverait au pays de Marennes l'une de ses ressources. Je dis l'une de ses ressources, parce que ce pays n'en a réellement pas beaucoup lorsqu'il en mériterait davantage, en raison des revenus considérables qu'il procure à l'État par sa saline, lesquels revenus surpassent ceux de plusieurs départemens réunis; en raison aussi de son insalubrité que le gouvernement devrait empêcher par le dessechément des *marais-gâts* toujours méphitiques, toujours pernicieux à la santé des hommes. Par ce dernier bienfait, le gouvernement trouverait les inappréciables avantages de conserver une population qui s'affaiblit d'une manière sensible ; d'accorder à l'agriculture de vastes terrains les plus fertiles ; et de faire naître, avec la prospérité, de nouvelles habitations et de nouveaux revenus pour le trésor public.

Ennemis des Huitres Vertes.

Je ne me suis point attaché à connaître quels peuvent être les véritables ennemis des Huîtres à la mer. Les naturalistes paraissent avoir fait sur cela des recherches qu'on peut consulter. D'après M.ʳ Valmont-Bomare, ils auraient signalés, comme tels, les crabes de vase, des étoiles marines, les baudroies, les pétoncles et même les moules. Je n'ai aucuns motifs, avec le sujet que je traite, de contredire ces découvertes, touchant sur-tout les ennemis des Huitres à la mer ; mais il n'en est pas de même relativement à ceux que peuvent avoir ces mollusques élevés dans des parcs. J'ai cru qu'il était essentiel de savoir, puisque les naturalistes n'ont point fait cette distinction, si les Huîtres, une fois transportées de la mer dans les réservoirs, sont encore exposées à être attaquées par les mêmes adversaires, ou par de nouveaux. A cet égard, j'ai interrogé les Sauniers qui sont tous d'accord que les moules et les pétoncles ne sont et ne peuvent être à craindre pour leurs élèves. Il suffit au surplus de désigner ces coquillages pour concevoir que les Huîtres n'ont rien à redouter de pareils ennemis; à moins donc que ceux-ci ne leur fassent la guerre alors qu'elles viennent de naître, et que leurs écailles ne sont ni assez formées ni assez dures pour leur servir de défense. Quant aux étoiles marines et aux baudroies ou grenouilles pêcheuses, il n'en parait point dans les claires, ainsi il est inutile d'en parler. Bref les Sauniers m'ont assuré qu'ils n'appréhendaient que les cancres ou crabes de vase, non seulement pour leurs élèves, mais encore pour leurs réservoirs, dont ils dégradent souvent les chantiers pour tâcher de s'y introduire. On ne se doute pas, m'ont ajouté les Sauniers, de quoi sont capables ces animaux, et combien ils ont d'avantage sur les autres ennemis des Huîtres. A leur caractère hostile, ils joignent une intelligence singulière pour l'attaque. Leurs armes principales sont leurs deux serres ; car on peut donner ce nom à leurs deux jambes ou pates qui sont faites absolument comme celles de l'écrevisse, mais plus fortes et plus grosses; ils s'en servent pour saisir les objets, pour creuser la terre, ou pour d'autres actions. Ces animaux ont de plus la faculté de pouvoir vivre hors de l'eau pendant quelque tems. En général cette espèce d'amphybie a une organisation et une enveloppe semblables à celles de l'écrevisse, à l'exception que son corps est plat, d'une figure carrée et d'une largeur d'environ trois pouces, lorsque l'animal est arrivé à sa plus grande croissance.

Quand les malines poussent les eaux de la mer sur la plage, le cancre est entraîné par le flux dans les claires, et s'il ne peut y entrer par le moyen du gros de l'eau, il va se blottir dans une cavité, ou bien il fait un trou dans le chantier d'une claire qu'il parvient quelque fois à traverser d'outre en outre pour aller trouver les Huîtres ; ou enfin il attend la prochaine maline afin qu'elle favorise ses desseins ; c'est pourquoi les Sauniers ont grand soin d'examiner partout, après le reflux, si les cancres n'ont point fait de dégradations aux chantiers. S'ils ne surveillaient point, et s'ils ne réparaient pas de suite les dommages, l'eau des claires pourrait se perdre, et les Huîtres pourraient être exposées aux accidents dont j'ai rapporté les suites.

Une fois introduit dans une claire, le cancre tend toutes sortes de pièges à l'Huître. Tantôt il monte sur elle et s'efforce, par son poids, d'empêcher l'ouverture de ses valves. Il s'y tient assez long-tems pour que le mollusque, ne pouvant plus aspirer l'eau et respirer, succombe à la fin et devienne la proie de son ennemi ; tantôt il creuse un trou sous elle, ou à côté d'elle, se retire pour l'y faire tomber, et parvient ensuite à l'étouffer et à la manger. Enfin le cancre est si friand de la chair de l'Huître qu'il emploie toute espèce de ruses pour lui ôter la vie, et l'on sait que, dès le moment où l'Huître est morte, ses valves s'ouvrent et que l'agresseur est à même de faire un bon repas.

Je ne veux pourtant pas avancer comme le fait Valmont-Bomare que, *quand l'Huître entr'ouvre ses écailles pour renouveler son eau, le cancre toujours disposé à lui dresser des pièges, lui jette une petite pierre qui empéche que les coquilles ne se referment, pour avoir ensuite la facilité de prendre l'Huître et de la manger* : Je craindrais qu'on ne prit pour une plaisanterie un pareil tour d'adresse ; en effet il ne faut que voir la structure du crabe de vase pour juger que, lors même que cet animal en aurait l'intelligence, il lui serait impossible de lancer une pierre.

Il est un autre ennemi beaucoup plus dangereux pour les Huîtres que le cancre, c'est la vase ; il leur est d'autant plus funeste qu'il attaque en masse ces animaux, et de telle manière qu'aussitôt qu'il sont dominés dans les réservoirs par cette substance, vrai poison pour eux, ils sont en danger de périr, si les Sauniers ne vont promptement à leur secours, en les changeant de claire, ou au moins en les débarassant provisoirement de ce fléau. A cet égard, j'ai déjà eu l'occasion de faire des observations qui méritent toute l'attention des Sauniers, et je suis du même avis que les naturalistes qui ont écrit sur les Huîtres; mais je ne puis leur accorder que *l'algue*, herbe marine, qu'ils considèrent aussi comme un ennemi de ces mollusques, croisse au fond des claires, et par conséquent leur soit malfaisante. Il est possible que cette sorte d'herbe croisse dans la mer, mais il est certain qu'elle ne végète pas dans les claires, non plus que toute autre herbe. Si cela était ainsi, les Sauniers qui prennent tant de soins à nettoyer leurs claires et à n'y laisser rien qui puisse nuire à leurs Huîtres, ne manqueraient pas de la détruire, ou d'enlever leurs élèves, s'ils ne pouvaient faire autrement, pour les replacer ailleurs.

Voilà tout ce que l'on peut dire d'exact touchant les ennemis des Huîtres élevées dans des réservoirs; quant à ceux qu'elles peuvent avoir dans la mer, j'abandonne aux curieux le soin de les rechercher, et de découvrir les pièges qu'ils dressent à ces animaux, ou le genre d'attaque qu'ils leur portent.

Des Propriétés des Huitres Vertes en Médecine.

Il parait certain que dans toutes les mers de notre globe, il existe des Huitres, et que chaque côte du monde habité en fournit dont les goûts varient, autant peut-être qu'il y a de côtes ou de climats, et dont les écailles sont de différentes structures, de différentes grandeurs et de différentes couleurs, aussi bien que les mollusques qu'elles renferment. Sur cette matière vaste les naturalistes sont entrés dans des détails que je ne dois pas suivre, d'après le plan de ce petit travail. J'arriverai donc de suite à dire que, dans tous les pays, l'Huître, sauf quelques exceptions, est considérée comme le meilleur des testacés ; que les anciens et les modernes l'ont mise au nombre des mets exquis ; qu'ils n'est point d'amateur, depuis le diadême et la tiare jusqu'au dernier rang de la société, qui n'en ait fait l'éloge. Des poëtes l'ont chantée ; Horace lui-même a célébré celle de Circé ; mais au milieu de ce concert unanime de louanges, voit on figurer des preuves évidentes que ces mollusques possèdent des propriétés particulières en médecine ? Voilà la question dont je vais m'occuper.

Avant tout, je dois faire remarquer que je parle ici des Huîtres en géneral ; que j'ignore si, parmi les Huîtres qui ont été aussi vantées dans les contrées qui les produisent, on y a compris les Huîtres Vertes ; et que dans cette incertitude il convient à mon sujet de m'en occuper d'une manière spéciale, principalement des Huîtres Vertes de Marennes.

D'abord, à l'égard de leur valeur comme mets, je serais curieux de savoir si les Huîtres, que les anciens et les modernes ont louées à l'extrême, le méritaient avec autant de raison que nos Huîtres Vertes de la Seudre. Je suis convaincu que si un nouvel *Apicius* pouvait en apprécier le goût et la qualité, et s'il avait l'occasion d'en agrandir la réputation, ainsi que cela arriva avec les Huîtres que ce romain du même nom envoya, d'Italie en Perse, à l'empereur *Trajan* : je suis convaincu, dis-je, qu'on verrait bientôt les Huîtres Vertes de Marennes placées au premier rang que leur ont refusé très-injustement certains écrivains de l'Encyclopédie, qui, à coup sûr, n'ont pas fait la comparaison de ces Huîtres avec celles de Bretagne qu'ils affirment être préférées à toutes les Huîtres des autres côtes de France; ni avec celles de Bordeaux qu'ils prétendent (fort inconsidérément) avoir une *tête noire* et être d'un *goût exquis*;

comme si ces mollusques avaient une tête ; comme si l'on ne connaissait pas le goût des Huîtres de Bordeaux, et le lieu où elles sont pêchées. Je voudrais que mon suffrage ne parut pas suspect, j'attesterais, sans craindre d'être démenti, que les Huîtres Vertes de Marennes sont supérieures à toutes les autres, soit de France, soit d'Italie, dont j'ai éprouvé le goût ; qu'elles n'ont sur-tout pas *l'âcreté* qu'on leur attribue si gratuitement. J'ajouterais que des personnes dignes de foi, qui ont également mangé de celles d'Angleterre, assurent à leur tour que ces dernières sont inférieures, en qualité et en délicatesse, à nos bonnes Huîtres Vertes de *Lusac*.

Voilà la part qu'il était juste de faire aux Huîtres Vertes de Marennes. Je suis convaincu que tous les amateurs qui ont pu avoir goûté des Huîtres qu'on nous met en parallèle avec elles, s'empresseront d'applaudir au jugement que je viens de porter.

Maintenant, tout excellentes que sont nos Huîtres Vertes ; toutes préférables qu'on les trouve à celles de France, d'Angleterre et d'Italie, ont-elles, ainsi que les Huîtres communes, quelques propriétés en médecine ? J'ai soumis cette question à plusieurs médecins les plus eclairés et les plus habiles de ce pays et des environs, et j'avoue qu'ils m'ont fait tous un récit bien peu intéressant de ces mollusques comme remède.

l'Huître

L'Huître Verte et l'Huître commune, m'ont-ils dit, sont si abondantes dans notre contrée, les habitans en consomment une si grande quantité, que si elles possédaient quelques propriétés médicales, leurs effets n'auraient point échappés à l'observation même du vulgaire. Nous pensons donc que ce coquillage ne jouit d'aucune vertu qui puisse le faire plus particulièrement recommander dans certaines maladies, par exemple, dans les rhumes, les affections catarrhales, la phthisie pulmonaire : du moins, pour nous, il n'existe point de faits propres à constater cette vertu.

Cependant, m'ont-ils ajouté, comme les Huîtres renferment plus ou moins d'eau, suivant qu'on les ouvre dans un temps plus ou moins rapproché du moment où elles ont été pêchées, il en résulte qu'après cinq à six heures qu'elles sont hors de leur élément, il doit rester dans leur bassin une assez grande quantité d'eau ; et comme cette eau a beaucoup de rapport avec celle de la mer, qu'elle est aussi salée ; alors si des personnes mangent un certain nombre de ces Huîtres, ainsi remplies de liquide saumâtre, il peut arriver que quelques-unes éprouvent des selles liquides, sans cependant ressentir de malaise, ni vers l'estomac, ni vers les intestins.

Vingt-quatre heures et plus, au contraire, après que les Huîtres ont été pêchées, l'eau qu'elles

contiennent est en moindre quantité, elle a en
outre perdu tout goût désagréable, par suite
sans doute de l'élaboration que cette eau a subie
dans les organes de l'animal ; mais a-t-elle acquis
par cette élaboration une qualité tonique, sti-
mulante, fondante, ainsi que quelques-uns le
prétendent ? C'est ce qui n'a pas encore été
constaté par nous.

Ce que nous savons de positif relativement
à ces mollusques, c'est que vingt-quatre à trente
heures après qu'ils sont sortis de l'eau, leur
chair est plus ferme et d'un goût plus parfait ;
qu'on les digère très-facilement, et que presque
tous les estomacs s'en accommodent.

Tels sont, en résumé, les renseignemens que
j'ai obtenus des docteurs de ce pays, touchant
les propriétés des Huîtres sous les rapports
médicinaux.

Ces Messieurs trouveront probablement des
contradicteurs dans leurs confrères de l'intérieur
de la France, et peut-être ne sera-ce pas sans
de bons motifs. En effet, il est possible que
les Huîtres mangées journellement et en quantité par les habitans de ce littoral, ne produisent
pas sur leurs tempéramens les mêmes effets que
sur ceux des habitans de divers pays éloignés
de la mer, qui ne mangent que de tems à autre
de ce coquillage. Il est croyable que les Huîtres
Vertes ou communes ordonnées, dans ces pays,
à certains malades, ou à certains sujets de telle

ou telle complexion, procurent des bienfaits qu'on n'obtiendrait pas dans cette contrée. Je ne me permettrai pas de soutenir une pareille proposition, je l'abandonne toute entière à nos Hippocrates ; cependant j'ai le droit de dire qu'il faut que ce mollusque ait été reconnu pour avoir des propriétés en médecine, et pour agir même sur les individus en santé, car les praticiens n'auraient pas enseigné, bien long-tems avant nous, les uns, que les Huîtres provoquent les urines ; qu'elles conviennent aux constitutions faibles ; qu'elles se dissolvent dant l'estomac sans faire beaucoup de chyle ; qu'elles échauffent et aigrissent la masse du sang, si on en fait un usage trop fréquent ; qu'elles excitent au plaisir physique de l'amour, etc., etc.

D'autres praticiens n'auraient pas enseigné que les Huîtres étant d'une facile digestion, deviennent précieuses dans la convalescence de quelques malades ; qu'ils ont vu des sujets encore très-débiles en manger jusqu'à huit, avec une sorte de plaisir, sans en être fatigués ; qu'on les ordonne avec avantage comme aliment, principalement dans les affections catarrhales, même dans la phthisie ; que l'eau renfermée dans ces mollusques, après un séjour de quarante-huit heures, est employée avec succès dans les engorgemens commençans du pylore, ou dans ceux des autres organes gastriques ; que cette même eau pourrait quelquefois remplacer utilement certaines eaux minérales, etc., etc.

Des gens de l'art ont été plus loin, ils ont prétendu que les écailles des Huîtres calcinées et porphyrisées sont employées avantageusement pour absorber les acides de l'estomac ; qu'on fait encore de ces écailles une excellente eau de chaux très-efficace pour guérir la gravelle et même pour dissoudre le calcul de la vessie, lorsqu'il n'est pas d'une nature trop dure et tenace ; mais ils ajoutent qu'il faut joindre à son usage celui du savon d'alicante : pour cet effet, il est recommandé de prendre matin et soir un gros de ce savon, et de boire par dessus un verre de quatre onces d'eau de chaux d'écailles d'Huîtres ; on doit de plus, et en même tems, injecter de cette eau de chaux dans la vessie pour accélérer la dissolution du calcul.

Enfin, ce que toute la faculté ne contestera pas, j'en ai la preuve, c'est que les Huîtres, sur-tout les Huîtres Vertes de Marennes, aiguisent agréablement l'appétit (irritamentum gulæ) et que toutes personnes, mêmes les plus délicates et les plus faibles, peuvent en manger quand elles sont cuites dans leur jus. A mon avis il n'est point de mets qui flatte autant le goût que des Huîtres Vertes cuites dans une grande coquille avec du beurre frais et du persil, après toutefois leur avoir ôté l'eau salée dont elles sont entourées.

Il n'est pas inutile de faire remarquer que les écailles d'Huîtres ont encore des propriétés en économie rurale : il est démontré que , lorsque ces écailles ont séjourné dans du terreau assez de tems pour s'effriter , ou en parlant plus clairement, pour pouvoir communiquer leurs alcalis au terreau, et que le tout est bien remué et mêlé, on obtient l'engrais le plus propre à activer la végétation.

On fait aussi avec les écailles ¦ d'Huîtres d'excellente chaux pour cimenter.

D'un autre côté, on assure que la chimie soumet l'eau de l'intérieur des Huîtres à la calcination, et qu'elle en extrait un sel calcaire qui entre dans plusieurs poudres absorbantes.

Je borne, ici, mes observations sur les Huîtres, bien que j'en aurais beaucoup d'autres à faire sur ce genre de bivalve, et sur d'autres, touchant lesquels les naturalistes ont aussi publié des erreurs, mais dans la crainte de dépasser le but que je me suis proposé, je remplirai cette tâche dans un nouveau travail, où j'invoquerai, comme dans celui-ci, des faits constans et irrévocables.

Il ne me reste qu'un vœu à former, c'est de voir les naturalistes de nos jours porter un examen plus approfondi qu'on ne l'a fait jusqu'ici, sur des causes aussi curieuses qu'intéressantes, qui ont fait naître une foule de systêmes plus ridicules les uns que les autres. Nos naturalistes seraient d'autant plus louables de s'occuper attentivement de ces points de la grande histoire naturelle, que, tout en admirant l'influence d'une combinaison d'élémens sur certains animaux, ils auraient peut-être l'occasion d'en tirer de nouvelles conséquences et d'en faire de nouvelles applications. Ils pourraient, sur-tout, fixer définitivement l'opinion, non seulement sur le véritable principe de la génération des Huîtres, et de la couleur verte qu'elles peuvent acquérir, mais encore sur les propriétés de ce mollusque, qui, procurant à l'homme des moyens de satisfaire son appétit, et d'agrandir son industrie, paraît aussi lui être utile pour l'amélioration de sa santé. Si j'avais la satisfaction d'apprendre que mon zèle a été approuvé, et que quelques-unes de mes observations ont été sanctionnées par les maîtres de la science, je ne croirais pas avoir obtenu une récompense plus flatteuse.

FIN.

TABLE.